全国高等美术院校建筑与环境艺术设计专业规划教材

建筑装饰材料

从物质到精神的蜕变

中央美术学院　主编

邱晓葵　编著

中国建筑工业出版社

图书在版编目(CIP)数据

建筑装饰材料 从物质到精神的蜕变/中央美术学院主编；
邱晓葵编著. —北京：中国建筑工业出版社，2009
 全国高等美术院校建筑与环境艺术设计专业规划教材
 ISBN 978-7-112-10620-2

Ⅰ.建… Ⅱ.①中…②邱… Ⅲ.建筑材料：装饰材料-高等学校-教材 Ⅳ.TU56

中国版本图书馆 CIP 数据核字(2009)第 006954 号

(本书编写工作受到中央美术学院艺术与人文科学研究项目资助)

本书阐述了建筑及室内装饰材料在设计中的作用，深入分析了如何将材料材质的表现融入到建筑与室内设计当中，尝试解决长期以来困扰设计人员的问题——材料品质与价格之间的矛盾。书中探讨的"材料"是以"材料视觉艺术形象"为基点，通过协调"材料"的技术性能及肌理呈现，将材料的情感特征充分地发挥出来。本书的价值表现在理论和应用两个层面，理论价值在于对有关材料外延的拓展，应用价值在于解决现实中的问题并能够指导实践。

本书基于笔者多年来对建筑及室内设计进行的观察和思考，以及在专业教学及设计实践过程中的体验和总结。从建筑材料到装饰材料再到综合材料艺术，覆盖范围非常广泛，所列举的实例均是在各种材料应用中具有特色的作品。本书对从事建筑设计和室内设计的人们均会有所启发，特别是艺术院校建筑及环境艺术设计专业的学生和社会上的从业人员。

*　　*　　*

责任编辑：唐　旭　李东禧
责任设计：董建平
责任校对：兰曼利　关　健

全国高等美术院校建筑与环境艺术设计专业规划教材

建筑装饰材料

从物质到精神的蜕变

中央美术学院　主编

邱晓葵　编著

*

中国建筑工业出版社出版、发行(北京西郊百万庄)
各地新华书店、建筑书店经销
北京天成排版公司制版
北京中科印刷有限公司印刷

*

开本：880×1230毫米　1/16　印张：10½　字数：328千字
2009年7月第一版　　2011年11月第二次印刷
定价：**45.00**元
ISBN 978-7-112-10620-2
　　　(17551)

版权所有　翻印必究
如有印装质量问题，可寄本社退换
(邮政编码　100037)

全国高等美术院校
建筑与环境艺术设计专业规划教材

总主编单位：
中央美术学院
中国美术学院
西安美术学院
鲁迅美术学院
天津美术学院
四川美术学院
广州美术学院
湖北美术学院
清华大学美术学院
上海大学美术学院
中国建筑工业出版社

总主编：
吕品晶　张惠珍

编委会委员：
马克辛　王海松　吴昊　苏丹　邵建　赵健
黄耘　傅祎　彭军　詹旭军　唐旭　李东禧
（以上所有排名不分先后）

《建筑装饰材料　从物质到精神的蜕变》
本卷主编单位： 中央美术学院
　　　　　　　　邱晓葵　编著

总　序

缘起

《全国高等美术院校建筑与环境艺术设计专业实验教学丛书》已经出版十余册，它们是以不同学校教师为依托的、以实验课程教学内容为基础的教学总结，带有各自鲜明的教学特点，适宜于师生们了解目前国内美术院校建筑与环境艺术设计专业教学的现状，促进教师对富有成效的特色教学进行理论梳理，以利于取长补短，共同进步。目前，这套实验教学丛书还在继续扩展，期望覆盖更多富有各校教学特色的各类课程。同时对那些再版多次的实验丛书，经过原作者的精心整理，逐步提炼出课程的核心内容、原理、方法和价值观编著出版，这成为我们组织编写《全国高等美术院校建筑与环境艺术设计专业规划教材》的基本出发点。

组织

针对美术院校的规划教材，既要对学科的课程内容有所规划，更要对美术院校相应专业办学的价值取向做出规划，建立符合美术院校教学规律、适应时代要求的教材观。规划教材应该是教学经验和基本原理的有机结合，以学生既有的知识与经验为基础，更加贴近学生的真实生活，同时，也要富含、承载与传递科学概念、方法等教育和文化价值。十所美术院校与中国建筑工业出版社在经过多年的合作之后，走到一起，通过组织每年的各种教学研讨会，共同为美术院校建筑与环境艺术设计专业的教材建设做出规划，各个院校的学科带头人们聚在一起，讨论教材的总体构想、教学重点、编写方向和编撰体例，逐渐廓清了规划教材的学术面貌，具有丰富教学经验的一线教师们将成为规划教材的编撰主体。

内容

与《全国高等美术院校建筑与环境艺术设计专业实验教学丛书》以特色教学为主有所不同的是，本规划教材将更多关注美术院校背景下的基础、技术和理论的普适性教学。作为美术院校的规划教材，不仅应该把学科最基本、最重要的科学事实、概念、原理、方法、价值观等反映到教材中，还应该反映美术学院的办学定位、培养目标和教学、生源特点。美术院校教学与社会现实关系密切，特别强调对生活现实的体验和直觉感知，因此，规划教材需要从生活现实中获得灵感和鲜活的素材，需要与实际保持紧密而又生动具体的关系。规划教材内容除了反映基本的专业教学需求外，期待根据美院情况，增加与社会现实紧密相关的应用知识，减少枯燥冗余的知识堆砌。

使用

艺术的思维方式重视感性或所谓"逆向思维"，强调审美情感的自然流露和想象力的充分发挥，对于建筑教育而言，这种思维方式有助于学生摆脱过分的工程技术理性的约束，在设计上呈现更大的灵活性和更加丰富的想象，以至于在创作中可以更加充分地体现复杂的人文需要，并且在维护实用价值的同时最大程度地扩展美学追求；辩证地运用教材进行教学，要强调概念理解和实际应用，把握知识的积累与创新思维能力培养的互动关系，生动有趣、联系实际的教材对于学生在既有知识经验基础上顺利而准确地理解和掌握课程内容将发挥重要作用。

教材的使命永远是手段，而不是目的。使用教材不是为照本宣科提供方便，更不是为了堆砌浩瀚无边的零散、琐碎的知识，使用教材的目的应该始终是让学生理解和掌握最基本的科学概念，建立专业的观念意识。

教材的使用与其说是为了追求优质的教学效果，不如说是为了保证基本的教学质量。广义而言，任何具有价值的现实存在都可以被视为教材，但是，真正的教材永远只会存在于教师心智之中。

吕品晶　张惠珍
2008 年 10 月

前　言

建筑装饰材料课程是建筑与环境艺术设计专业的一门重要专业基础课，其教学目的是使学生获得建筑装饰材料的基础知识，掌握建筑装饰材料的性能、应用技能，以便在日后的实践工作中能正确合理地使用。建筑装饰材料一直以来是学生了解建筑与室内设计专业知识的难点，然而建筑装饰材料对设计而言又是相当重要的，它是落实设计方案最后的一个环节。

目前在市场上可以见到的有关材料的书籍不少，主要涉及以下三个方面：

1. 服务于建筑专业教学体系的用书，这类教材系统性强、内容全面、描述详尽，主要针对土木工程设计、施工、科研相关人员、施工管理及建筑装饰工程等从业人员学习参考。

2. 服务于室内设计专业教学体系的用书，这类教材虽然对室内装饰材料进行了详尽的介绍，但给人看来还是有模仿建筑材料教材的痕迹，对材料的描述枯燥，对技术性能和选用原则比较限定，从技术层面介绍得更多，全然不像一本教材，倒像是供查阅的百科全书。

3. 服务于公共艺术设计、视觉传达、工业设计、艺术教育的材料基础课程教材，这类教材对材料的描述形象、生动，符合美术院校学生的特点，材料图片新颖另类，不过多数不能适用于建筑与环境艺术设计专业领域，只是对于设计思维的拓展起到一些作用。

在实际教学中，我院(所指中央美术学院建筑学院)事实上没有为学生提供任何教材使用，原因是没有太适合的建筑装饰材料教学用书。在教学中，本人参考了以上三类教材的部分内容，再加上本人几年来收集的相关资料进行教学工作，以期材料教学成果能对建筑与室内设计行业起到促进作用，并且使我们培养的未来设计师能够有更开阔的设计思路，所以本人针对传统的教学模式进行了改革与尝试，目前已取得一定的教学成果。

作为美术院校的建筑与环境艺术设计专业的材料教学，当然应根据美术院校学生的基础背景有针对性地提供适宜的教材。美术院校学生的特点可概括为：具有良好的美术基础；感性思维强于理性思维；动手能力较强；对科学技术方面缺乏基础知识；对公式表格有明显的抵触情绪；对色彩、肌理、材质有明显的好恶；想象力丰富；不死板、不循规蹈矩。所以事实上学生们对于建筑材料用书难于掌握。然而，室内装饰材料相关用书技术性和现实性过强，容易使学生陷入一种无形的束缚中；而前卫的艺术设计材料用书专业性不强，好看但实用方面又有一定的局限。所以，针对美术院校的学生特点和环境艺术设计专业的实际教学需要，本人在进行了多年的教学实验后认为：很有必要整理一本适用于美术院校建筑与环境艺术设计专业的材料教学用书。

  本书探讨的"材料"是指：作用于建筑外观及内部的表皮材料，所涉及的是可赋予表面的主要建筑材料与装饰材料的介绍。对材料的探索不是从化学性质上予以改变，而是以视觉艺术为基点，将材料的情感特性充分地挖掘出来。对于建筑装饰材料的界定，本人认为它应该涵盖更多的内容，包括建筑材料和装饰材料及我们能够看到的可称为物质的东西，所以从本教材的编写内容来讲十分丰富。

  本书的第1章主要是对建筑装饰材料的美感及材料的历史文化演变和发展趋势方面进行概括性的论述；第2章主要介绍的是三个主要的建筑装饰材料——石材、木材、金属；第3章是对常规材料进行介绍，尝试通过材料形态上的分类，使读者对材料形成形象化的认识；第4章则是从材料的使用对象及材料加工工艺两方面予以介绍；第5章主要指出了材料在使用过程中可能存在的诸多问题；第6章分别就建筑设计中的材料处理与室内设计中的创作实例来阐述材料非常规性应用的可能；第7章主要通过对综合材料艺术及材料教学的介绍，使读者认识到艺术化使用建筑装饰材料的可能。

  本书由于专业性较强，知识面较广，加上时间仓促及本人经验的不足，难免有不妥甚至错漏之处，敬请不吝指正，以期进一步地修订和完善。

邱晓葵
2008年12月

目 录

总序
前言

001　第1章　解读材料

001　1.1　什么是材料
002　1.1.1　材料的分类
002　1.1.2　材料的基本功能
003　1.1.3　材料的特性

003　1.2　材料的语汇
004　1.2.1　材料的质感
006　1.2.2　材料的肌理

008　1.3　材料的历史文化演变
009　1.3.1　中国传统的土木文化和以石为材的西方传统文化
010　1.3.2　以混凝土和玻璃为代表的现代材料
012　1.3.3　材料与设计风格

014　1.4　材料的发展趋势
015　1.4.1　当代材料的发展特点
015　1.4.2　未来智能化的材料发展方向

017　第2章　认知材料

017　2.1　石材
018　2.1.1　石材的常识
019　2.1.2　常用石材的种类

024　2.2　木材
024　2.2.1　木材的常识
027　2.2.2　常用的木材种类

031　2.3　金属
031　2.3.1　钢铁
036　2.3.2　铜
036　2.3.3　铝
037　2.3.4　银
037　2.3.5　钛
038　2.3.6　锡

039　第3章　常规材料

039　3.1　从形态上认识材料
- 039　3.1.1　片状的材料
- 041　3.1.2　颗粒状的材料
- 043　3.1.3　面状类的材料
- 046　3.1.4　条形板类
- 048　3.1.5　线形类的材料
- 048　3.1.6　规格类的板材

051　3.2　从状态上认识材料
- 051　3.2.1　模数类的材料
- 053　3.2.2　透明类的材料
- 057　3.2.3　凝结类的材料
- 060　3.2.4　液态的材料
- 062　3.2.5　辅助类材料

064　第4章　使用材料

064　4.1　材料的使用对象
- 064　4.1.1　建筑墙体
- 065　4.1.2　建筑墙体材料
- 069　4.1.3　内墙表面的处理
- 071　4.1.4　地面
- 073　4.1.5　顶棚
- 075　4.1.6　楼梯
- 075　4.1.7　门
- 076　4.1.8　窗
- 077　4.1.9　柱

078　4.2　材料工艺的综合运用
- 078　4.2.1　石材工艺
- 079　4.2.2　金属工艺
- 081　4.2.3　传统工艺
- 084　4.2.4　材料的受力与变化

085　第5章　材料问题

085　5.1　材料在使用中可能出现的变化
- 085　5.1.1　冷暖带来的材料变化
- 086　5.1.2　光照带来的材料变化
- 086　5.1.3　时间的推移带来的材料变化

087　5.2　材料的质量与价格问题
- 088　5.2.1　材料的物理性能
- 088　5.2.2　造价影响设计的最终效果

089　5.3　材料的污染问题
- 089　5.3.1　甲醛
- 089　5.3.2　苯
- 090　5.3.3　氡
- 090　5.3.4　氨
- 090　5.3.5　环保型材料的特征

091	**5.4 材料的声学问题**
091	5.4.1 材料的声学概念及做法
091	5.4.2 常用声学材料
092	5.4.3 KTV包房的声学处理

092	**5.5 材料的防火问题**
092	5.5.1 材料燃烧性能分级
093	5.5.2 国家对于室内装修材料的防火等级的规定
094	5.5.3 材料的防火阻燃处理

095	**5.6 材料的防水问题**
095	5.6.1 厨房和卫生间的防水材料
095	5.6.2 屋面的防水处理

096	**5.7 材料的资源问题**
097	5.7.1 节约有限的材料资源
097	5.7.2 仿饰漆法

099　第6章　材料创作

099	**6.1 建筑材料创作**
101	6.1.1 建筑材料如同我们的头发
102	6.1.2 建筑表皮与表皮建筑
102	6.1.3 表皮建筑实例

110	**6.2 室内材料创作**
110	6.2.1 非常规材料如同音乐中的非音响素材
111	6.2.2 非常规材料中的自然材料
116	6.2.3 非常规材料中的非自然材料
118	6.2.4 非常规材料中的生活用品材料
123	6.2.5 可凝结进行再塑造的材料

125	**6.3 材料创作手法**
125	6.3.1 材料的组配
127	6.3.2 材料分格与转角处理
130	6.3.3 材料的光影设计
130	6.3.4 相同的材料　不同的用法
133	6.3.5 超级平面美术的技法

135　第7章　材料实验

135	**7.1 现代艺术与综合材料**
136	7.1.1 现成品材料
138	7.1.2 涂鸦的艺术行为方式
139	7.1.3 现代艺术中美的规律
142	7.1.4 材料创作从艺术中的借鉴

146	**7.2 材料教学**
146	7.2.1 清华大学美术学院的材料课教学概况
147	7.2.2 材料创作营辅助教学活动概况
148	7.2.3 中央美术学院建筑学院材料课教学概况

156　参考文献

157　后记

第1章 解读材料

材料(material)：原料，可供制成成品的东西，材料是人类用于制造物品、器件、构件、机器或其他产品的那些物质。材料是人类赖以生存和发展的物质基础。20世纪70年代，信息、材料和能源被誉为当代文明的三大支柱。这说明了材料对未来发展的重要性。

材料既是设计的物质基础和条件，也为我们提供了丰富的创造灵感。材料不仅存在于我们现实生活中，而且也扎根于我们的文化和思想领域。从某种意义上看，设计活动中物化的过程，也就是材料被文化的过程，设计师借助于不同的材料进行精神创造，形成了丰富多彩的空间环境。

如今已能够看到一些设计在材料形式语言的表现上出现了重大突破，在运用传统材料语言时开始与新的技术手段及形式语言相结合，打破了传统单一的材料语言模式，不再单纯满足建筑及室内空间本体意义上的需要，而是更多地体现出独立意义上的材料魅力。

本章就材料的美感方面和材料所代表的不同文化内涵进行描述，同时也对材料未来的发展方向进行预测，使读者从感官上对材料有初步的了解。

1.1 什么是材料

"我们握在手中，看在眼里的一切东西，之所以能够成形，都要归功于材料的存在。材料就在我们身边，环视四周，我们平常已经习以为常的世界是由各种材料组成的。"[1] 材料几乎在所设计的每个项目中扮演了非常重要的角色。材料为我们看周围的世界提供了一种基本途径。材料是方案、构思等概念得以实现的物质基础和手段。材料不仅仅是结构的外在表现，作为设计本身的骨骼和皮肤，体现环境特征，而且材料的本身拥有自身的设计语言，包涵某种含义，表达出某种思想，材料与设计的结合有时甚至是成功的关键。谁也不能否认材料的创新和运用又是另一种独特而巧妙的设计。有的单就材料应用的不同变化就能给人带来不小的精神震撼，不能轻视这些材料，它是我们设计升华的物质保障。

人类是在发掘和认识材料中提高设计意识的，我们希望通过对材料的认识过程，发现更多的可利用材料，了解到以前未知和熟悉的材料，从根本上改变以往传统上对材料的运用手法，而达到提高设计意识的根本目的。

过去人们往往习惯通过对设计语言的分析来阐释设计的演进，然而这其中材料及其观念的变革起着至关重要的作用，因为材料使设计得以存在和彰显，并且得以物质呈现。

当前设计领域的弊病是相互雷同，少有创新和个性，设计构思局限封闭，从而使设计陷于一般的水平，这里也和材料选用的雷同不无关联，不同的空间而相同的材料表现也会给人似曾相识的感觉。所以，在设计创作范畴，要探索新构造、新技术，开拓新的材料来源，以期在环境艺术设计中能出现不同形式的空间界面。其实，材料选择的优劣及呈现和业主与设计师的自身修养有着很大关系，设计师之间的层次差别也会在其设计的空间中体现出来。

一般来讲，提起材料，不同生活背景的人会有着不同的反映，比如同样是花岗石，一位工程师所关心的是材料的技术性能(密度、吸水性、抗冻性、

---

[1] 胡小惟，朱林，张佳. 材料改变生活. 产品设计，2006 (34)：33.

抗压强度、耐磨性）及化学成分；一位家庭主妇最关心的是此材料是否含有放射性元素，能否形成对家人的伤害及其价格因素；一名工人对材料的反映首先是其加工特性、规格和等级；一位设计师会首先关注材料能给人带来什么样的视觉效果和对于空间的塑造能力、艺术表现力，以及人的视觉、心理反应等。

1.1.1 材料的分类

人们生活在空间环境中，随时随地都会接触到各种材料，材料对任何人来讲都不会陌生，而设计材料学却是一门非常广博而难于精通的学问。一方面，自然材料种类繁多，人工材料日新月异。另一方面，材料的结构奇巧莫测，材料的处理变化万端。

材料由于多种多样，分类方法也就没有一个统一标准。按化学性质来分，可分为无机材料和有机材料。无机材料又可分为金属材料和非金属材料等；有机材料又可分天然与人造材料等。按材料的状态来分，可分为固体材料和液体材料。按材料的硬度性质来分，又可分为硬质材料，半硬质材料及软质材料。最常用的分类是以材质、状态、作用等使用范围来命名。

建筑装饰材料可分为实材、板材、片材、型材、线材等。实材也就是原材，主要是指原木及原木制成的规方，以立方米为单位。板材主要是指把由各种木材或石膏加工成块的产品，统一规格为1220mm×2440mm，板材以块为单位。片材主要是指把石材及陶瓷、木材、竹材加工成块的产品，在预算中以平方米为单位。型材主要是指钢、铝合金和塑料制品，在装修预算中型材以根为单位。线材主要是指木材、石膏或金属加工而成的产品，在装修预算中，线材以米为单位。建筑装饰材料按装饰部位分类，则有墙面装饰材料、顶棚装饰材料、地面装饰材料。按材质分类，有塑料、金属、陶瓷、玻璃、木材、涂料、纺织品、石材等种类。按功能分类，有吸声、隔热、防水、防潮、防火、防霉、耐酸碱、耐污染等种类。

在后续的材料介绍中，为了使读者更加感性地认识和了解材料，我们在编写中在材料的分类上进行了调整，上述的分类法较为常规，仅作为参照。

1.1.2 材料的基本功能

形象地说：建筑装饰材料类似于服饰，只不过服饰是给人穿的，而装饰材料是给建筑穿的。服饰在满足了人的保暖，遮盖的基础上还有美观修饰，体现穿者品位、身价的作用。装饰材料也是一样的，它首先要有一些基础的功能，例如，隔声、防潮、耐腐等。在满足这些基础的功能后，它的装饰性就显得格外重要了。

1. 保护功能

现代建筑装饰材料，不仅能改善建筑与室内的艺术环境，使人们得到美的享受，同时还兼有绝热、防潮、防火、吸声、隔声等多种功能，起着保护建筑物主体结构，防止建筑结构暴露在外部空气中，延长其使用寿命以及满足某些特殊要求的作用。装饰材料使主体结构表面形成一层保护层，不受空气中的水分、氧气、酸碱物质及阳光的作用而遭受侵蚀，起到防渗透、隔绝撞击的作用，达到延长使用年限的目的。建筑外墙材料可有效避免内部结构材料遭虫蛀、因氧化而引起的松散老化等问题。室内的卫生间顶棚、墙面、地面材料，则可以有效防止水气对墙体、地面的侵蚀。

2. 美化功能

利用材料本身的一些特性可以让空间环境变得更符合人的审美要求，为人们提供美好的感官体验。一些建筑本身的结构和形式是平淡的，但是由于外立面使用了恰当的材料，可使整个建筑焕然一新。如德国的GSW大楼本身的造型就是一个方盒子，但是它的外表皮应用了双层的玻璃幕墙，并且在内、外层间设置了涂有橙色、红色、粉白色等各种鲜艳色彩的可折叠穿孔铝板，透过外层的透明钢化玻璃看过去，给人带来优美而独特的视觉体验。

3. 情感功能

材料具有颜色、形状、质感等方面的独特表现力，在空间中恰当地加以运用往往会给人带来情感上的共鸣，使原本无趣的空间变得生机盎然，使人们的情绪向积极的方向发生转变。建筑装饰材料能够传达不同的情感信息，视觉上的、听觉上的、触觉上的等等，人的感知活动和材料的运用有着密切的关系。恰当的材料应用方式是表达建筑与环境意义的重要手段。设计师应该在不同的项目中选用最恰当的材料，把当时当地的场所精神传达给环境中的人们，让人们能够体会材料带来的情感内容。

1.1.3 材料的特性

材料的个性特征是人们通过长期的生活积累形成的抽象概念。铜、石、陶瓷、钢等硬质材料彰显着勇敢、永恒、阳刚气概，丝、毛、棉、纸等软质材料透射出飘逸、内敛的特点。

由于人类多少年来的生活经验的积累，材料本质的抽象的性格已深入人心。甚至离开材料的任何形态，只要我们提及它们，便会得到某种感受。

材料的个性特征可以直接影响到建筑与室内空间的风格取向，而且每一种材料都有自己的表情。有时完全相同的建筑造型，材料不同时会产生完全不同的效果。

利用材料的特性，充分展示设计语言中的象征意义，表现出极强的形式感和赋予它特定的精神内涵，同时，贴近生活，以人为本，才能创造真正舒适宜人的环境。只有把人放在第一位，才能使材料设计人性化。

1. 材料的文化性

文化本身是一种庞杂的概念，其广义是指人类在实践中所获得物质精神生存能力和创造物质、精神财富的总和；其狭义是指精神生产能力和精神产品的一切意识形式。

一些材料应用于建筑装饰中往往会给人们带来历史文化上的联想，例如竹子会让人想到古代东方文人墨客的高洁品格，剁斧面的石材效果带来沧桑的历史感，陶瓷锦砖（马赛克）材料的大量使用会给人伊斯兰文化的联想等等。

成功的设计不仅要满足其使用功能的需要，还应具备其不同的地域性和文化性。世界之所以多姿多彩，正是由于不同的民族背景、不同的地域特征、不同的自然条件、不同历史时期所遗留的文化而形成世界的多样性。故而从这一点上来讲，越具有地域性也越具有世界性。而地域建筑装饰材料对地区的文脉具有承载作用，能够很好地将一个地区的传统文化凝结其中，利用建筑本身相对的永恒性把本地区的文化传承下去。因此，设计应就地取材，充分利用材料的特性，建成具有当地文化意义的空间环境。

2. 材料的艺术性

材料的色彩、质感、肌理等各种艺术美感都是可以为人所感知的，在建筑与环境艺术设计中，设计师通过对不同材料的配比选用，营造出符合人们视觉、触觉审美要求的空间环境。另外，也可以形成不同的艺术表现风格，满足不同使用者的心理需求。

在目前的设计实践中，材料的艺术感染力主要集中于人的视觉和触觉两种感官范围，听觉和嗅觉方面的艺术性实践还比较少，设计师应该努力探索更多的艺术表现手法，丰富材料的艺术性语言。

1.2 材料的语汇

"材料的可视性和可触感都属于材料物理性和化学性，并分别形成了材料的抽象的视觉要素与触觉要素。而材料的视觉要素是指材料的色彩、形状、肌理、透明、莹润等；材料的触觉要素是指材质的硬、软、干、湿、粗糙、细腻、冷暖感等。材料的视觉要素与触觉要素是材料的外在要素——任何材料都充满了灵性，任何材料都在静默中表达自己，艺术的创作也越来越重视材料的语汇表达。"[1]

---

[1] 王峰著. 设计材料基础. 上海：上海人民美术出版社，2006：24.

材料语汇的认识、发掘、应用的合理与优劣，直接关系设计实体的艺术水准和价值，直接影响到建筑与室内环境气氛的塑造。"有时可能正是一种不被人们注意到的、质朴的、不那么张扬的，并且巧妙的方案常常显示出设计师的聪明才智。这些设计师告诉我们一些关于材质的巧妙用法，因为他们对于他们所工作的环境有着敏锐的感受，并且尊重他们所运用的材料。"[1]

"材料在现代设计中的价值并不在于材料本身是否昂贵上等，而在于用这些东西能否最佳地传媒出作品的艺术内涵。为了在作品中更好地发挥材料的作用，我们在运用材料语言时就必须知其性格。材料的性格来自于两个方面。一方面，材料有其自身固有的物理性质，万事万物都是以各异的形态和方式体现出来，每种材料都具有自身的硬度、韧度、色彩及肌理特点。另一方面，材料的性格来自于人们的心理情感。同时，材料的肌理表现必然会对人们的心理产生一定的影响，从而形成材料的内在美。在现代设计之中，当材料作为独立的审美要素加以考察时，它是具有表情的。这种表情原本并不是材料固有的，因为有了人的参与，材料才有了令人感动的能力。情感性也是材料具有表现力的主要原因之一。原木制品总给人以自然纯朴、轻松舒适的原生态之感，而钢铁给人的则是坚硬挺拔，冰冷利落的现代感觉……因此说，材质美包括材料的物理性与精神性二方面，二者且是共存的，同时对人们的视觉和心理产生作用。发现并体现材质美也是一个过程，一个创造性的过程，材料个性不同，因此需要取长补短、物尽其用。"[2]

材质的语义是材料性能、质感和肌理共同的信息传递，材料性能是指从材料的强度、耐磨性等物理量及其加工工艺性能来作评定。材料的质感和肌理是通过材料表面特征给人以视觉和触觉感受以及心理联想及象征意义。

1.2.1　材料的质感

在构成空间环境的众多因素中，各界面装饰材料的质感对空间环境的变化起到重要的作用。质感包括形态、色彩、质地和肌理等几个方面的特征。要形成个性化的现代室内空间环境，不必刻意运用过多的技巧处理空间形态和细部造型，应主要依靠材质本身体现设计，重点在于材料肌理与质地的组合运用。

在环境中，人主要通过触觉和视觉感知实体物质，对不同装饰材料的肌理和质地的心理感受差异较大。在常见的装饰材料中，抛光平整光滑的石材质地坚固、凝重；纹理清晰的木质、竹质材料给人以亲切、柔和、温暖的感觉；带有斧痕的石材有力、粗犷豪放；反射性较强的金属质地不仅坚硬牢固、张力强大、冷漠，而且具有强烈的时代感；纺织纤维品，如毛麻、丝绒、锦缎与皮革质地给人以柔软、舒适、豪华之感；清水勾缝砖墙使人想起浓浓的乡土情；大面积的粉刷面平易近人，整体感强；玻璃使人产生一种洁净、明亮和通透之感。

不同材料的材质决定了材料的独特性和相互间的差异性。在装饰材料的运用中，人们往往利用材质的独特性和差异性来创造富有个性的空间环境。

质感的定义为：视觉或触觉对不同物态，如固态、液态、气态的特质的感觉。不同的物质其表面的自然特质称天然质感，如空气、水、岩石、竹木等；而经过人工的处理的表现感觉则称人工质感，如砖、陶瓷、玻璃、布匹、塑胶等。不同的质感给人以软硬、虚实、滑涩、韧脆、透明与浑浊等多种感觉。

每种材料的质感都存在两种基本类型（触觉和视觉）。触觉质感是真实的，在触摸时可以感觉出来；视觉质感是眼睛看到的。所有的触觉质感也给人们视觉质感，一般不需要触摸就可感觉出它外表的触感品质。这种表面质地的品质，是基于人们过去对

---

[1] （英）克里斯·莱夫特瑞著. 木材. 上海：上海人民美术出版社，2004：8.

[2] 王峰著. 设计材料基础. 上海：上海人民美术出版社，2006：27.

相似材料的回忆联想而得出的反应。

设计中利用材料的质感在很大程度上是为了满足精神方面的需要，大量使用不锈钢，磨光花岗石等反光性能特强的材料，无非是要衬托环境的豪华、夺目，使人们的情绪更加活跃和激动。大量使用竹、藤、砖石等材料，则是要使环境典雅、宁静，造成一个耐人寻味的氛围。大量使用新材料，有展示经济实力，显示科技进步的意义。有意使用传统地方材料，则是更加追求与历史及自然的联系。

设计中利用材料质感要注意一些问题，如用粗糙材料做的界面宜大不宜小，宜远不宜近，因为面积大或距离远看上去较为均匀，否则会使人感到粗糙。而材料质感越细，其表面呈现的效果就越平滑光洁，甚至很粗的质地，在远处看去，也会呈现某种相对平整的效果，只有在近处看时才可能暴露出质地的粗糙程度。而用光洁材料做的界面宜小不宜大，因为面积小看起来较精致，面积过大容易暴露材料本身的缺点或显得空洞。有时完全相同的造型，因尺度大小，视距远近和光照的强弱等因素，材料会产生完全不同的效果。以上这些对我们在材料质感上的认识都是十分重要的。

1. 材料的光泽

当光线照射到材料表面时，人对材料表面的感受，这种属性即称为材料的光泽。同时还要受到材料表面的质地、纹样以及固有色等因素的影响。通常根据材料表面的光泽度，可将材料的表面划分为镜面、光面、亚光面、无光面等类型。

光泽是材料表面的一种特性，在评定材料的外观时，其重要性仅次于颜色。光线照射到物体上，一部分被反射，一部分被吸收。如果物体是透明的，则一部分被物体透射。被反射的光线可集中在与光线的入射角相对称的角度中，这种反射称为镜面反射。被反射的光线也可分散在各个方向中，称为漫反射。漫反射与材料的颜色以及亮度有关，而镜面反射则是产生光泽的主要因素。光泽是有方向性的光线反射性质，它对形成于表面上的物体形象的清晰程度，也就是反射光线的强弱，起着决定性的作用。

2. 材料的色彩

装饰材料的颜色丰富多彩，特别是涂料一类的饰面材料。改变建筑物的颜色通常要比改变其质感和线形容易得多。因此，颜色是构成各种材料装饰效果的一个重要因素。不同的颜色会给人以不同的感受，利用这个特点，可以使建筑物分别表现出质朴或华丽、温暖或凉爽，向后退缩或向前逼近等不同的效果，同时，这种感受还受到使用环境的影响。例如，青灰色调在炎热气候的环境中显得凉爽安静，但如果在寒冷地区则会显得阴冷压抑。

"材料是色彩的载体，色彩不能游离于材料而存在。材料的色彩可分为两类：一类是材料本身具有色彩美感或材料自然色彩特征，不需要在设计过程中进行色彩加工的，如石材、木质材料等。材料的固有色彩及材料的天然色彩属性是设计创作中可贵的色彩，必须充分发挥其色彩的美感属性，力求避免因为人为的设计因素削弱或影响材料色彩的美感功能的发挥，而应当运用对比、点缀等设计手法去加强其色彩的美感功能和天然色彩的自然表态，丰富其表现力。还有的材料是可根据设计作品本身的需要，在制作中进行色彩处理，注意色彩的明度、纯度、色相之间的关系，以调节材料本色，强调和烘托材料本色的美感作用，达到设计作品与色彩的和谐。"❶

3. 材料的触感

触感即人手触摸时的感觉，在设计中材料与人体接近的部分一定要有好的触感，表面要细致，做工也要精细，如扶手、座椅、门、窗台等。

触觉的柔软感使人感到亲近和舒适；造型线的曲直能给人以优美或刚直感；形的大小疏密可造成不同的视觉空间感，不同的材质产生不同的生理适应感；不同的花色取材，可以使人产生一系列的联

---

❶ 王峰著. 设计材料基础. 上海：上海人民美术出版社，2006：28.

想，置身于多样的空间环境。充分利用装饰材料的这些因素，能营造出某种符合人们功利目的的室内环境氛围。材料因为体现了本性才获得价值，好的材料的触感可以加强空间环境质量。

巴黎拉丁芳斯广场中，采用整块石料加工而成的休息凳，给人厚重的感觉和极佳的触感（图1-1）。

用铁链制成的门帘，给人的触感极佳，人们在穿行的一刹那，感到相当有趣、生动（图1-2）。

1.2.2 材料的肌理

肌理是指物体表面的组织纹理结构，即各种纵横交错、高低不平、粗糙平滑的纹理变化。

肌理是通过视觉观察到的质感，材料质感的粗糙程度可以唤起人们对材料表面的触觉，这也就是肌理效果。

1. 自然肌理

自然肌理指不经人之手已存在着的肌理组织。生活中处处能看得到肌理的画面（图1-3、图1-4）。肌理也可以是创意的源泉。设计师正是汲取了生活中的灵感，恰当地运用到建筑空间语言创作中去，才创造出人为的艺术肌理之美（图1-5、图1-6）。肌理在艺术实践中的运用，不但能丰富艺术的表现力，而且还能增加空间创作的生动性（图1-7）。

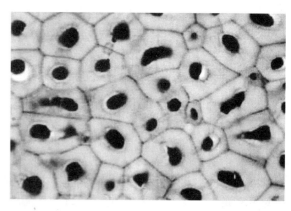

● 图1-3　漂亮的细菌自然形态

● 图1-1　坚硬光滑的花岗石广场座凳（巴黎拉丁芳斯广场）

● 图1-4　拥挤的鱼群肌理

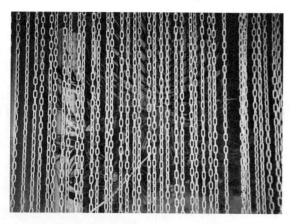

● 图1-2　触感冰凉的铁链门帘（北京植物园）

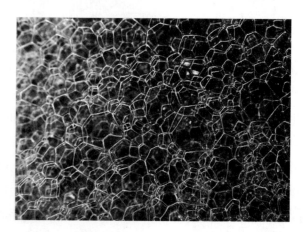

● 图1-5　泡沫肌理

的堆砌，而是恰当、合理巧妙地运用材料，并把材料本身具有的价值成分充分展现出来，既组合好各种材料的肌理，又协调好各种肌理的关系。同时，肌理不仅能丰富设计物的形态，还具有动态的、表现的审美特征和体现人类对美的创造性本能。因此，

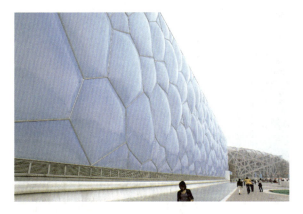

● 图1-6 "水立方"建筑外观

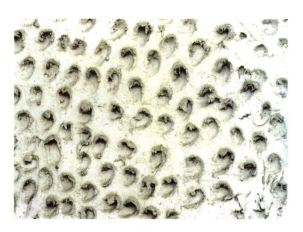

● 图1-8 水泥表面处理后的肌理

● 图1-7 增加肌理变化丰富建筑立面效果

2. 人工肌理

人工肌理指由人为作用而产生的纹理组织，如刀迹、凿痕等。它主要受控于操作者，由操作主体有意识地作用而造成的纹理组织，如刻划、镂雕、堆贴、刮削、揉捏、拍击、挤压、摸印等（图1-8、图1-9）。肌理并不都是美的，只有当它在一个特定的空间、特定的环境、特定的光线之下才能呈现出某种美感。

一般来说，肌理与质感含义相近。对设计的形式因素来说，当肌理与质感相联系时，它一方面是作为材料的表现形式而被人们所感受，另一方面则体现在通过先进的工艺手法，创造新的肌理形态。不同的材质，不同的工艺手法可以产生各种不同的肌理效果，并能创造出丰富的外在造型形式（图1-10）。

"如何在众多的材料中选用适当的肌理组合形态，发挥材料在各种艺术设计领域中的作用，是设计的一个关键。好的设计，不是完全依靠昂贵材料

● 图1-9 细丝网表面处理后的肌理

● 图1-10 对木材重新加工后形成的肌理

肌理是体现材料表现力的载体。"❶

材料是室内设计中最活跃、最具表现力又最需要经验技巧来驾驭的元素，其创新变化成为室内设计变革的动力。从20世纪末开始，设计进入个性化时代，设计中肌理效果的运用越来越成为设计作品实现个性化的有力工具。特别是现代设计中，用材料的肌理效果来表现设计理念的作品屡见不鲜，许多优秀的设计师在巧妙利用肌理美的同时，还积极探索各种艺术手法来发掘、创造肌理美，这已成为现代设计增强室内视觉艺术效果最有力和常用的手法。

以下分别为织物形成的肌理（图1-11），塑料吸管形成的肌理（图1-12），木板条涂刷相近颜色的肌理效果（图1-13）。

1.3 材料的历史文化演变

材料是构成建筑物所在环境的重要面貌特征。

● 图1-11 织物形成的肌理

● 图1-12 塑料吸管形成的肌理

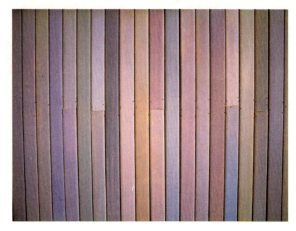

● 图1-13 相近颜色木条形成的色彩肌理

材料给建筑与室内环境带来了不少的荣耀，美化和建造人们的寓居之所，从远古时代到当代，通过材料可以看到人类的进步。

材料造型的选择，以及它的颜色都是对建筑物的"身份"的某种反映。在传统社会里，材料属于那些表明本人社会地位的符号象征（图1-14）。在更加个性化的现代社会中，材料已成为一种个性化的表示，多方面地体现设计师的个人趣味、性格和见解等。

传统材料是指那些已经成熟且在工业中已批量生产并大量应用的材料，如钢铁、水泥、塑料等。这类材料由于其产量大、产值高、涉及面广泛，且是很多支柱产业的基础，所以又称为基础材料。新型材料是指那些正在发展，且具有优异性能和应用前景的一类材料。新型材料与传统材料之间并没有明显的界限，传统材料通过采用新技术，提高技术含量，提高性能，大幅度增加附加值而成为新型材料；新材料在经过长期生产与应用之后也就成为传统材料。传统材料是发展新材料和高技术的基础，而新型材料又往往能推动传统材料的进一步发展。

以往我们使用材料时持有一种呼来唤去的高傲态度，从未真正地去感受和了解它。材料满足了人们对环境物质和精神层面的共同需要。同时也反映着不同历史文脉与风格样式。

---

❶ 王峰著. 设计材料基础. 上海：上海人民美术出版社，2006：26.

● 图1-14 琉璃材料及黄色在中国古代为皇家专用

1.3.1 中国传统的土木文化和以石为材的西方传统文化

中国的传统建筑材料是砖、木材（图1-15），石材虽然也有应用，但是基本只作为阴宅的建筑材料。此外，则只是在地面、台基、栏杆以及雕塑等范围有一些使用。

● 图1-15 木材是中国传统建筑中的主要材料

中国的传统建筑也有不少应用夯土。夯土是一种非常原始的建筑材料，表示一块泥土经过夯的动作之后变得更结实，是土材质中较为结实的建材。在我国古代，它是城墙、宫室常用的建材。今天，在我国一些偏远的农村仍然能看到以夯土为材料的民居建筑。

砖在我国的传统建筑中多是作为结构材料来使用。中国传统的砖主要是预制黏土砖（土坯），以及烧结黏土实心砖。预制的黏土砖遇水后强度大幅度下降，因此只是在干旱地区才有比较多的使用。烧制的黏土砖的耐水性要好很多，根据烧结工艺的差别形成红色及青灰色的黏土砖块。视觉上给人以温馨、纯朴、自然的感受。传统砖块有比较好的耐久性，北京现存的古城墙以及胡同中的老北京民居建筑都很好地说明了这一点（图1-16）。

● 图1-16 灰砖成为北京胡同建筑的主要用材

由于传统土坯烧制的方法并不环保，现在我国已经禁止使用实心黏土砖。传统的实心砖已经逐渐发展为空心、多孔的黏土砖。而制砖原料也由黏土变成了矿物料和一些工业废渣，保护了有限的土地资源。

天然石材是指在自然岩体中开采出来，并加工成块状、板状材料的总称。它是人类最早应用的建筑材料之一。西方有许多以石材为主要建筑材料的古老建筑经受了上千年的风雨至今还屹立于世，从著名的金字塔、雅典卫城、罗马的斗兽场，再到欧洲中世纪的教堂建筑均为人们所津津乐道。由此我们可以看出天然石材具有强度高、自洁性和耐久性好、蕴藏量丰富、易于装饰加工的优点（图1-17～图1-19）。

● 图1-19 意大利传统建筑中厚重的石墙

石材最初作为结构和装饰材料在西方的建筑中出现，而现在，石材作为结构材料来使用已经很少了，更多的是把它作为建筑的内、外部装饰用材。它们庄严、凝重，带给人的是深远的历史和文化联想。

中、西方的建筑对于材料的不同选择，除了由于自然因素不同外，更重要的是由于不同文化，不同理念导致的结果。西方以狩猎方式为主的原始经济，造就出重物的原始心态。从西方人对石材的肯定，可以看出西方人求智求真的理性精神，在人与自然的关系中强调人是世界的主人，人的力量和智慧能够战胜一切。中国以原始农业为主的经济方式，造就了原始文明中重选择、重采集、重储存的活动方式。由此衍生发展起来的中国传统哲学，所宣扬的是"天人合一"的宇宙观。"天人合一"是对人与自然关系的揭示，自然与人乃息息相通的整体，人是自然界的一个环节，中国人将木材选作基本建材，正是重视了它与生命之间的亲和关系，重视了它与人生关系的结果。这两种建筑材料的选择方式并无优劣之分。

● 图1-17 古埃及用石材建造的文明至今还可看到

● 图1-18 古埃及用石材加工的漂亮纹样历久弥新

1.3.2 以混凝土和玻璃为代表的现代材料

对于混凝土这种材料，粗糙厚重但触感却是真实而浑厚的，这些灰暗坚硬的东西所能带来的是一种安静沉稳的美。

混凝土的使用有悠久的历史，它被称为罗马最伟大的建筑遗产，应该是人类最早开发使用的复合型材料之一，但同时也被人们认为是最低廉的材料。它是由水泥、水、细骨料（砂）、粗骨料（石）以及必要时参入外加剂与矿物混合材，按一定比例配合并通过搅拌、浇筑、硬化而成的块体。特别是钢筋混凝土，它是一种高强度材料，将受拉的钢材和受压的石料粘结在一起，可以应用于大多数类型的工程方案，而且尤其适合于大跨度结构，优秀的强度性能使混凝土已成为当代建筑中最常使用的材料。由于混凝土的所有组成材料都是比较便宜的，因而混凝土本身也被认为是廉价的东西，只能用来做基础材料，它的表面应当被其他具有美感的材料如石材来覆盖，以便隐藏它灰暗、粗糙、呆板的样子。但事实真的是如此么？其实高品质的混凝土并不廉价，甚至是昂贵的，使用这种材料时工艺及劳动力的花费常常超过石材和木材。它具有如此低调、朴素的外观却对应高昂的制模和精加工费用，这是我们所难以接受的，因此所谓的混凝土建筑和混凝土装饰在我国建筑设计领域只存在于小范围的试验探索中，在我们生活的城市中清水混凝土的建筑外表还是要被贴上外墙砖。

那么，混凝土这种自身没有形态，显得没有个性的材料究竟能给我们带来什么呢？先看看已经矗立在地平线上的那些建筑大师所创造出来的经典混凝土建筑吧，柯布西耶的朗香教堂、安藤忠雄的光之教堂等（图1-20）。面对这些建筑，我们不得不由衷地赞叹这种如此普通不起眼的材料——混凝土。它是一种很随意的材料，使用时应该顺其自然，既不要简单直接地对待它，也不要试图去束缚它的潜质。热爱这种材料的建筑师安藤忠雄说过："混凝土是属于我的材料，也是属于所有人的材料。它没有任何局限性，设计师可以依照自己的意愿去使用它。"

混凝土可以很好地单独使用，也可以和其他材料和谐地组合，它是没有任何限制的。混凝土本身是含蓄朴素而不张扬的，它可以成为一个衬托其他物的背景，也可以成为一个空白的画布，它既是结构材料也起装饰作用。从外观就可以看出它的制作

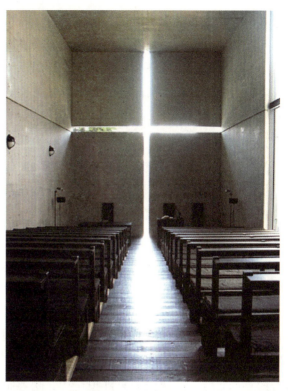

● 图1-20　混凝土建造的光之教堂

过程，其瑕疵无需掩盖，因此又具有了手工制品的特征。混凝土的使用并不局限于建筑或其外部，它在室内装饰，家具设计甚至珠宝设计中同样可以发挥它独特的优势，展现它特有的气质。它确实可以给人以美的享受，是值得我们深入认识和挖掘的材料。在建筑中，混凝土胜任在主角与配角之间自由贴切地转换，它本身既是结构又是装饰。它作为配角，支撑建筑屹立而起，以含蓄朴素的外表成为衬托其他材料的背景；它作为主角，以极强的可塑性支撑着非凡设计构思的实现，展现出各种出乎意料的可能。混凝土这种材料，无疑是一种凝固的美。

在环境问题日益突出的当代，面临着遭受污染而日益恶化的自然环境，我们在继续经济发展的同时更应当深思如何实现发展与环保的双赢。混凝土在这方面有着很大的潜力。现代混凝土在经历了漫长的发展过程和无数次改革后，同其他建筑材料相比显示出越来越多的优越性。它的原料价格低廉而且来源广泛，比起木材、黏土等材料来对自然环境的破坏较小。特别是近几年，大量新型混凝土产品的污染大大减小，并可大量利用工业副产品和废物

来制成。高性能混凝土在消耗大量污染生态环境废品的同时，也减少对自然资源、能源的消耗和对环境的污染。因此当代应该是我们充分发挥混凝土经济、环保性能的时期，同时它的美学意义也应得到充分发掘与展现。

玻璃是一种冰凉的材质，在透明与不透明之间变幻莫测；它融合不同的金属元素，呈现绚丽的色彩；虽经高温的塑炼，却用冰冷的表面阐释宁静和悠远；正是用它独特的性格最大限度地满足了人的视觉欲望。

每个民族都有关于玻璃起源的不同说法，但是一般来讲，人们普遍认为玻璃诞生于大约 5000 年前的美索布达米亚平原，后经过阿拉伯传播到了世界各地。玻璃起初只是作为艺术品和生活器皿被加以利用，后来人们发现了它拥有其他建筑材料所不能具有的特殊性质——透明而有维护作用，能够很好地控制光线和室内空间的明暗，有效地调节光在建筑空间中的流动。从此，玻璃变成了一种重要的建筑元素，并逐渐得到广泛应用。

直到现在，不仅建筑师、室内设计师、工业设计师及艺术家们都对玻璃很感兴趣，出现了很多非常优秀的以玻璃为材料的设计。如 PARADA 旗舰店（图 1-21）。玻璃由于透明，色彩绚丽，具有多种特质，越来越多地得到设计师的重视。

玻璃的显著特点是其透光性，这对于建筑装饰设计有重要的意义。在使用玻璃材料以前，人们只能采用不透光的木板，有一定透光性的动物皮革、帆布、纸张等作为遮蔽窗洞的材料。这使得建筑本身的采光、保温隔热、防水、防风等性能受到极大的制约。20 世纪，建筑进入了现代主义时期，玻璃由于其自身平整光滑、洁净透明的特性被许多设计师所喜爱。密斯·凡·德·罗对玻璃材料的使用手法，让当时的建筑更加具有现代主义的气息，建筑的时代感更加强烈了。到了今天，建筑装饰用玻璃已经种类繁多：浮法玻璃、夹层玻璃、钢化玻璃、热弯玻璃、丝网印刷玻璃、微晶玻璃、乳白玻璃、防火玻璃等材料被大量地应用于建筑装饰设计中。

● 图 1-21　全玻璃建造的 PARADA 旗舰店

1.3.3　材料与设计风格

每种材料都有各自的语言，有各自的文化背景，材料本身和材料组配之后的空间有明显的风格趋向。反之，若要形成不同的设计风格作品，在材料的选择组配及做法上面，就要注意与风格相配的设计处理，不然就会减弱材料在其中起到的作用，有时还可能背离了方向和目的。以下通过几个典型设计风格的材料处理手法的介绍，来说明不同的风格要采用不同的材料和工艺做法。

1. 自然风格或田园风格

随着环境保护意识的增强，人们向往自然，希望使用自然材料，渴望生活在天然的绿色环境中。在室内环境中创造田园的舒适气氛，强调自然色彩和天然材料的应用。自然风格倡导"回归自然"，因此室内多用木料、织物、石材等天然材料，显示材料的纹理，清新淡雅（图 1-22）。此外，由于其宗旨和手法的类同，也可把田园风格归入自然风格一类。田园风格在室内环境中力求表现悠闲、舒畅、自然的田园生活

筑学领域的一种设计流派。由于工业社会的急速发展，导致新材料、新技术的不断涌现。建筑师们开始尝试以一种新的设计语言来描述建筑，他们推崇形态各异的技术结构，热衷于用金属、塑料、玻璃、钢铁等工业时代的材料来装配建筑，擅长通过技术的合理性和空间的灵活性来宣扬机器美学和新技术的美感。

人所熟知的埃菲尔铁塔、蓬皮杜艺术文化中心，从外观上看，便是工业技术的产物。埃菲尔铁塔的设计者称，其形状便是借鉴人体骨骼的科学结构而来的，而蓬皮杜艺术文化中心外表更是一个裸露的大车间（图1-25）。它们一开始并不为人们所接受，被视为"怪物"、"无任何艺术感"，但是，随着时间的推移，人们似乎已"被迫"接受了它们，且承认这同样是艺术化了的。

● 图1-22 自然风格的室内效果

情趣，也常运用天然木、石、藤、竹等材质质朴的纹理，巧妙地设置室内绿化，创造自然、简朴、高雅的氛围。

2. 地中海风格

通常地中海风格会采用这样几种设计元素和材料：白灰泥墙、连续的拱廊与拱门、陶砖、海蓝色的屋瓦和门窗。

蓝加白：这是比较典型的地中海颜色搭配。西班牙、摩洛哥海岸延伸到地中海的东岸希腊。希腊的白色村庄与沙滩和碧海、蓝天连成一片，甚至门框、窗户、椅面都是蓝与白的配色，加上混着贝壳、细砂地墙面、小鹅卵石地、拼贴马赛克、金银铁的金属器皿，将蓝与白不同程度的对比与组合发挥到极致。白墙的不经意涂抹修整的结果也形成一种特殊的不规则表面（图1-23、图1-24）。

3. 高技派或重技派

高技派（High-Tech）是20世纪60年代末始于建

● 图1-23 地中海风格的希腊建筑群

● 图1-24 典型的希腊建筑白墙

图 1-25　裸露管道的蓬皮杜艺术文化中心建筑

高技派的室内空间就像一个无法预知的未来世界。玻璃与金属——带着工业社会烙印的元素；由镀膜镜面打造的背景墙，晕染着冷冽的金属，抽象的金属几何结构架暴露在墙壁之外；亚克力、塑料和烤漆聚成鲜艳的色彩组合，营造出一种材质和色彩的反差游戏。高技派突出当代工业技术成就，并在建筑形体和室内环境设计中加以炫耀，崇尚"机械美"，在室内暴露梁板、网架等结构构件以及风管、线缆等各种设备和管道，强调工艺技术与时代感。

4. 光亮派或银色派

室内设计中夸耀新型材料及现代加工工艺的精密细致及光亮效果，往往在室内大量采用镜面及平曲面玻璃、不锈钢、磨光的花岗石和大理石等作为装饰面材。在室内环境的照明方面，常使用各类新型光源和灯具，在金属和镜面材料的烘托下，形成光彩照人、绚丽夺目的室内环境。

5. 极少主义

20世纪80年代后期以来，极少主义从近乎混沌的众多流派中脱颖而出，它较之现代主义表现出更为强烈的感性精神追求，它不仅是一种设计风格，而且是一种生活方式，物质享受为中心的价值观被抛弃了，物欲被淡化了。极少主义追求清心寡欲以换取精神上的高雅与富足。实际上，极少主义是一种极端的形式主义，崇拜"干净利落"到了不惜代价的程度，比如说室内设计没有门框，没有踢脚线和地板，一切必要的细部均毫不留情地"枪毙"。这样的极端思想反而大大增加了施工难度以及对高性能材料的要求，变成一种"浪费"。毕竟，极少主义的设计过于"超凡脱俗。"

1.4　材料的发展趋势

材料和服饰一样有着自己的流行趋势，更新换代很快，品种也会越来越丰富。随着科技的发展，新型材料层出不穷，除了为建筑与室内形象上的突破和创新提供了更为坚实的物质基础外，也为充分利用自然环境、节约能源、保护生态环境提供了可能。然而，当一种新的材料面世的时候，人们往往对它还不很熟悉，总要用它去借鉴甚至模仿常见的形式。随着人们对新技术和新材料性能的掌握，就会逐渐抛弃旧有的形式和风格，创造出与之相适应的新的形式和风格，充分挖掘出新材料和新技术的潜力。

随着新材料的不断推出，有些老材料已经很少在市场上见到了，新材料在朝着高技术、高质量、高科技含量的方向发展。随着科技的发展，社会的进步，以后的材料将会朝着智能化的方向发展。

当今材料市场是新技术材料占领着主导地位，高科技可持续发展的环保材料已大量地代替了那些价格昂贵而又浪费资源的不环保、非绿色材料。如那往日里被经常使用到的天然大理石材料已经被"大理石陶瓷复合板"所取代，这种材料保持了天然大理石的典雅、高贵的效果，又有效地利用天然石材，减少石材开采，保护环境，保护资源。

1.4.1 当代材料的发展特点

科学的进步和生活水平的不断提高，推动了建筑材料工业的迅猛发展。除了产品的多品种、多规格、多花色等常规观念的发展外，近些年的装饰材料有如下一些发展特点。

1. 质量轻、强度高的产品开发

由于现代建筑向高层发展，对材料的密度有了新的要求。从装饰材料的用材方面来看，越来越多地应用如铝合金这样的轻质高强材料。从工艺方面看，采取中空、夹层、蜂窝状等形式制造轻质高强的装饰材料。如合金钢的高强度提高 10 倍或更多，作为高层建筑的柱子，那就不仅仅可支撑 100 层楼的高度，完全可达到 300 层乃至 500 层高。甚至可以自行发电、呼吸，具有生态调节功能。此外，采用高强度纤维或聚合物与普通材料复合，也是提高装饰材料强度而降低其重量的方法。如近些年应用的铝合金型材、镁铝合金覆面纤维板、人造大理石、中空玻化砖等产品即是例子。

2. 产品的多功能性

近些年发展极快的镀膜玻璃、中空玻璃、夹层玻璃、热反射玻璃，不仅调节了室内光线，也配合了室内的空气调节，节约了能源。各种发泡型、泡沫型吸声板乃至吸声涂料，不仅装饰了室内，还降低了噪声。以往常用作吊顶的软质吸声装饰纤维板，已逐渐被矿棉吸声板所代替，原因是后者有极强的耐火性。对于现代高层建筑，防火性已是装饰材料不可少的指标之一。常用的装饰壁纸，现在也有了抗静电、防污染、报火警、防 x 射线、防虫蛀、防臭、隔热等不同功能的多种型号。

3. 向大规格、高精度发展

陶瓷墙地砖，以往的幅面均较小，现国外多采用 300mm×300mm、400mm×400mm，甚至 1000mm×1000mm 的墙地砖。其发展趋势是大规格、高精度和薄型。如意大利的面砖，2000mm×2000 mm 幅面的长度尺寸精度为±0.2%，直角度为±0.1%。

4. 产品向规范化、系列化发展

装饰材料种类繁多，涉及专业面十分广，具有跨行业、跨部门、跨地区的特点，在产品的规范化、系列化方面有一定难度。但我国根据国内经验，已从 1975 年开始有计划地向这方面发展，目前已初步形成门类品种较为齐全、标准较为规范的工业体系。但总的来说，尚有部分装饰材料产品尚未形成规范化和系列化，有待于我们进一步努力。

5. 艺术化方向发展

近年来风行的膜结构，轻灵、洁白，如运用得当，也更具艺术感(图 1-26、图 1-27)。膜结构又叫张拉膜结构，是以建筑织物，即膜材料为张拉主体，与支撑构件或拉索共同组成的结构体系，它以其新颖独特的建筑造型，良好的受力特点，成为大跨度空间结构的主要形式之一。

1.4.2 未来智能化的材料发展方向

智能材料的构想来源于仿生学，它的目标就是想研制出一种材料，使它成为具有类似于生物的各种功能的"活"的材料。因此智能材料必须具备感

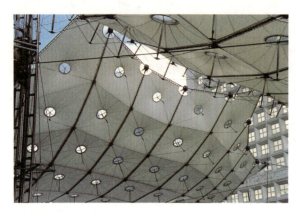

● 图1-26　漂亮的膜结构如同软雕塑（巴黎拉丁芳斯）

● 图1-27　软膜遮阳棚（葡萄牙世界博览会场）

知、驱动和控制这三个基本要素。例如：某些太阳镜的镜片当中含有智能材料，这种智能材料能感知周围的光线，并能够对光的强弱进行判断。当光线强时，它就变暗；当光线弱时，它就会变得透明。如果可以把这类材料加以发展并应用于建筑设计以及室内设计，将会为使用者们带来福音。

建筑变得和生物一样可以感受周围的环境，并根据人们的需要作出适宜的自我调节。室内也许不再需要有空调，许多人工照明设施也将作古，节能环保材料进入了新的时代。

具体说来智能材料可能会有这样几个特征。

1. 传感功能

能够感知外界或自身所处的环境条件，如负载、应力、应变、振动、热、光、电、磁、化学、核辐射等的强度及其变化；具有反馈功能，可通过传感网络，对系统输入与输出信息进行对比，并将其结果提供给控制系统。

2. 信息识别与积累功能

能够识别传感网络得到的各类信息并将其积累起来。

3. 响应功能

能够根据外界环境和内部条件的变化，适时动态地作出相应的反应，并采取必要行动。

4. 自诊断能力

能通过分析比较系统目前的状况与过去的情况，对诸如系统故障与判断失误等问题进行自诊断并予以校正。

5. 自修复能力

能通过自繁殖、自生长、原位复合等再生机制，来修补某些局部损伤或破坏。

6. 自调节能力

对不断变化的外部环境和条件，能及时地自动调整自身结构和功能，并相应地改变自己的状态和行为，从而使材料系统始终以一种优化方式对外界变化作出恰如其分的响应。

我们相信，在不远的将来，这些设想会逐一地被实现，设计师们将有更多的材料作为实现方案的手段。

第 2 章 认 知 材 料

对装饰材料的了解和掌握是建筑与环境艺术设计工作的重要组成部分,所以对于认知原理进行探悉,建立起有效的认知机制,可以帮助我们在种类日益繁多、内容日趋庞杂的材料和结构体系中迅速理清思路,较快地掌握和运用各种材料,并在设计中形成材料和构造构思的敏感度。本章先将我们最常用的、涵盖内容丰富的三大建筑材料——石材、木材、金属予以认知了解。其后众多的常规材料将在第3章中进行系统的介绍。

在设计中,材料是设计语汇的重要载体,要想通过材料的变化达到建筑及室内装饰形式的更新则必须对材料有比较清晰的了解,而不应使对材料认识的局限成为设计思维的束缚。

2.1 石　　材

石材包括天然石材和人造石材两大类。前者指从天然岩体中开采出来,并经加工形成的块状或板状材料的总称。后者是以前者石渣为骨料制成的板块总称。天然石材是古老的建筑材料,具有强度高、装饰性好、耐久性强、来源广泛等特点。天然石材在世界建筑史上谱写了不朽的篇章,世界上许多古建筑都是由天然石材建造而成的(图2-1、图2-2)。

目前在设计中使用的天然石材都是岩石。由于岩石形成的地质条件不一样,因而所表现出的化学与物理性质也不一样。我们认识岩石的形成及分类,了解天然石材的技术性质非常必要。

天然岩石是矿物的集合体,组成岩石的矿物称为造岩矿物,由一种矿物组成的岩石叫做单成岩,由两种或多种矿物组成的岩石称为复成岩。单成岩如白色大理石,其数量很少,绝大多数岩石是由多

图 2-1　天然石材建造并保存下来的希腊建筑遗骸

图 2-2　经时间冲刷后的天然石材具有丰富的表情

种造岩矿物组成的。同种岩石产地不同其矿物的含量、颗粒结构均有差异,因而颜色、强度、耐久性

等也有差异。造岩矿物的性质及其含量决定着岩石的性质。造岩矿物主要有：石英、长石、方解石、白云石、云母等。

大多数的岩石属于结晶结构，少数岩石具有玻璃质结构。二者相比，结晶质的具有较高的强度、韧性、化学稳定性和耐久性等，岩石的晶粒越小，则岩石的强度越高、韧性和耐久性越好。

2.1.1 石材的常识

由采石场开采出的块状石料称为荒料。开采出的大理石荒料一般堆放在室内或简易棚内（图2-3），花岗岩荒料则以露天堆放为主。天然石材经过锯切、磨光等加工后就成为装饰板材。目前，世界天然石材装饰板的标准厚度还是2cm，但欧美国家已经开始向薄型板材的方向发展，厚度为1.2~1.5cm的板材产量日趋增多，最薄的厚度达到7mm。石材加工多用机械，也有用凿子分解、凿平、雕刻等的手工操作。

● 图2-3 石材加工厂堆放各种可供挑选的石材毛板

1. 光亮表面的加工

（1）磨光：采用大型自动研磨机或中小型手扶研磨机进行粗磨、细磨、精磨。磨光面看起来光泽很柔和，但表面的刮痕明显。这种表面无需过多地进行护理。大理石、石灰石及板岩适合作磨光处理。

（2）抛光：抛光会持续很长的时间，主要看石材的种类。花岗石、大理石通常是抛光处理，并且需要不同的维护以保持其光泽。抛光是石材研磨加工的最后一道工序。进行这道工序的结果，是使石材表面具有最大的反射光线的能力，以及良好的光滑度，使石材固有的花纹色泽最大限度地显示出来。使石材不仅具有硬度感，更表现石材细腻的内涵。通常白色板材比黑色板材容易抛光。

2. 粗糙表面的加工

（1）烧毛：表面粗糙处理的效果之一，烧毛加工是将锯切后的花岗石板材，利用火焰喷射器进行表面烧毛，使其恢复天然表面。烧毛后的石板先用钢丝刷刷掉岩石碎片，再用玻璃渣和水的混合液高压喷吹，或者用尼龙纤维团的手动研磨机研磨，以使表面色彩和触感都满足要求。火焰烧毛不适于天然大理石和人造石材，一般用于花岗石。火烧面的花岗石大都运用在室外。

（2）琢石：琢石加工是用手工钻或琢石机在石材表面琢出点状或沟等形状花纹的加工方法，适于30mm以上的板材。

（3）酸洗：表面有小的腐蚀痕迹。酸洗面刮痕较少，外观比磨光面更为质朴。大部分的石头都可以酸洗，酸洗也是软化花岗石光泽的一种方法。

（4）锤打：在石材表面敲击，主要用于旧石材表面的翻新。

（5）机刨：用专门的石材刨机，把石材的表面刨出有规则的沟槽。

（6）剁斧：对石材表面剁斧处理成粗犷的表面，具有规则的条状斧纹或呈现出蘑菇外形一样的整体凸度，且表面高低不平。

3. 石材的规格

石材是相对较重的材料，因为采石和砌筑的成本高，如今人们不敢问津，石头多被切割成板材用作饰面。《天然花岗岩建筑板材》标准规定同一批板材的花纹色调应基本调和，且镜面板材的光泽度应不低于75光泽单位。同时，花岗岩的体积密度应不小于2.50g/cm²，吸水率应不大于1.0%，干燥抗压强度应不小于60MPa，抗弯强度应不小于8.0MPa。

（1）料石：外形规则，截面的宽度、高度不小于200mm，且不小于长度的四分之一。通常用砂岩和花岗岩加工而成。按加工程度的粗细又可分为以下四种。

1) 细料石：叠砌面的凹入深度不大于10mm。

2) 半细料石：叠砌面的凹入深度不大于15mm。

3) 粗料石：叠砌面的凹入深度不大于20mm。

4) 毛料石：外形大致方正，一般不加工或稍加修正，高度不小于200mm，叠砌面的凹入深度不大于25mm。

(2) 毛石：毛石是不成形的石料，处于开采以后的自然状态。形状不规则，建筑用毛石一般要求石块中部厚度不小于200mm、长度为300~400mm的石材，常用于砌筑基础、勒脚、墙身、堤坝、挡土墙等。

(3) 板材：装饰用石材一般为板材。按板材的形状分为普型板材(正方形或长方形，代号N)，异型板材(其他形状的板材，代号S)。按板材厚度分为薄板(厚度不大于15mm)和厚板(厚度大于15mm)。常用板材表面加工程度分为以下三种。

1) 粗面板材：表面平整、粗糙、具有较规则加工条纹的板材。主要有由机刨法加工而成的机刨板、由斧头加工而成的剁斧板、由花锤加工而成的锤击板、由火焰法加工而成的烧毛板等。表面粗犷、朴实、自然、浑厚、庄重。

2) 细面板材：表面平整，光滑的板材。

3) 镜面板材：经粗磨、细磨、抛光而成的，表面平整，具有镜面光泽的板材。豪华气派、易清洗。

石板材的表面因加工程度不同，一般镜面板材和细面板材表面光洁光滑，质感细腻，多用于室内墙面和地面，也用于部分建筑的外墙面装饰，铺贴后形影倒映，顿生富丽堂皇之感。粗面板材表面质感粗糙、粗犷，主要用于室外墙基础和墙面装饰，有一种古朴、回归自然的亲切感。

4. 石材选用的注意事项

由于天然石材自重大，运输不方便，故在建筑工程中，为了保证工程的经济合理，在选用石材时必须考虑以下几点。

(1) 经济性：尽量就地取材，以缩短石材运距，减轻劳动强度，降低成本。

(2) 强度与耐久性：石材的强度与其耐久性、耐磨性、耐冲击性等性能有着密切的关系。因此，应根据建筑物的重要性及建筑物所处环境，选用足够强度的石材，以保证建筑物的耐久性。

(3) 安全性：无论是天然石材还是以天然石材为成分制成的人造石材，或多或少都存在放射性辐射的问题，国家为了保护人民的身心健康，按天然石材的放射性水平，把天然石材产品分为A、B、C三类：

A类产品可在任何场合中使用，包括写字楼和家庭居室；

B类产品放射性程度高于A类，不可用于居室的内饰面，可用于其他一切建筑物的内、外饰面；

C类产品放射性程度高于A、B两类，只可用于建筑物的外饰面。

超过C类标准控制值的天然石材，只可用于海堤、桥墩及碑石等其他用途。

花岗石从色彩来看，白色系列、红色系列、浅绿系列、花斑系列问题较多。经检测，印度红、南非红、皇室啡等进口石材，杜鹃红、杜鹃绿等国产石材的放射性超标均较严重。

大理石类、绝大多数的板石类、灰色系列的花岗石类，一般都可确认为A类产品，可直接使用于家庭室内和其他场合，其占天然石材的85％。

材料选择受到价格、产地、厂家、质量等要素的制约。材料应依据设计方案概念的界定进行选择，注意天然材料在色彩与纹样上的差异；天然材料尤其是石材，受矿源的影响同一种材料在色彩与纹样上有很大的差别。

2.1.2 常用石材的种类

1. 花岗岩

花岗岩是以铝硅酸盐为主要成分的岩浆岩。其主要化学成分是氧化铝和氧化硅，还有少量的氧化钙、氧化镁等，所以是一种酸性结晶岩石，属于硬石材。其花纹为晶状斑点，颜色美观，质地坚硬，耐酸碱、耐腐蚀、耐高温、耐光照、耐冻、耐摩擦、耐久性好，外观色泽可保持百年以上。但花岗石存在微量放射性，所以常用于公共场所的地面铺装(图2-4)。

● 图2-4 光洁如镜面的磨光花岗石地面(北京国际机场候机厅)

花岗岩岩体在我国的储量非常大，据不完全统计，我国仅花岗岩石约有300多种，世界范围内品种数不胜数，其中花色较好的有以下几种：

(1) 黑系列：有山西黑(大花、中花和细花三个品类，其中以中细花最优)、黑金砂(根据其金点的大小一般被分为大花、中花和细花三种)、蒙古黑、巴拿马黑等。另外，有些花岗石用黑色命名出售，比如南非的巴拿马黑，中国的芝麻黑、易县黑等。从它们的颜色来看，更确切地说应该是深灰色而不是黑色；

(2) 灰白系列：有雪花白、美国白麻(图2-5)、凯撒白麻(图2-6)、白水晶、灰麻等；

(3) 花系列：有菊花青、梅花青、粉红麻(图2-7)等；

(4) 红系列：有中国红、岑溪红、五莲红、将军红、印度红(图2-8)、南非红、幻彩红(图2-9)等；

(5) 蓝绿系列：有燕山绿、米易绿、翡翠绿、黑绿麻、绿钻、蓝钻等；

(6) 棕黄系列：有金麻、啡钻(图2-10)等。

2. 大理石

大理石俗称云石，是指变质或沉积的碳酸盐岩类的岩石，其主要的化学成分是碳酸钙，约占50%以上，还有碳酸镁、氧化钙、氧化锰及二氧化硅等。大理石的硬度比花岗岩稍软，属于中硬石材。但其抗压性较好，易于进行锯解、雕琢、磨光等加工，且易于清洁。大理石的缺点是不耐风化。大理石板材的颜色与成分有关，纯白色的大理石成分较为单纯，但多数大理石是由两种或两种以上成分混杂在一起的。各种颜色的大理石中，暗红色、红色最不稳定，绿色次之。白色的大理石成分单一比较稳定，不易风化和变色，如汉白玉。大理石中含有化学性能不稳定的红色、暗红色或表面光滑的金黄色颗粒，会使大理石的结构疏松，在阳光作用下将产生质的变化。加之大理石一般都含有杂质，主要成分又为碳酸钙，在环境中会很快和空气中的水分、二氧化碳起反应，使表面失去光泽，甚至会出现斑点，所以常常被用于室内(图2-11)。国内的许多高档一点的公共洗手间，采用抛光的大理石作墙地面，是不恰当的。因为大理石属于碱性材料，即使很弱的酸也会造成大理石材料的污染和破坏。

常用大理石包括以下几种：

(1) 黑色系列：有墨玉、苏州黑、黑白根(图2-12)等；

(2) 红色系列：有曲阳红、紫螺纹、挪威红、珊瑚红、万寿红、橙皮红(图2-13)等；

(3) 绿色系列：有大花绿、碧玉、丹东绿、中青绿、印度绿(图2-14)等；

(4) 咖色系列：有虎纹、深啡网纹(图2-15)、浅啡网纹(图2-16)、黑金花、紫罗红(图2-17)等；

(5) 灰白色系列：有汉白玉、爵士白、大花白(图2-18)、艾叶青等；

(6) 黄色系列：有新米黄、旧米黄、西班牙米黄、埃及米黄、银线米黄(图2-19)、金花米黄、木纹石、帝王米黄(图2-20)、世纪米黄等。

3. 洞石

洞石是一种既非大理石又非花岗岩的石材，有一种类似水流式木材的纹理，并散布着一些空洞，这种石材在欧美国家的建筑中有非常广泛的应用。

● 图 2-5　美国白麻　　　　　● 图 2-6　凯撒白麻　　　　　● 图 2-7　粉红麻

● 图 2-8　印度红　　　　　　● 图 2-9　幻彩红　　　　　　● 图 2-10　啡钻

　　洞石是一种地层沉积岩。其特点是有较明显的小洞洞纹理,颜色柔和,材质坚硬,不易风化,有吸湿、干燥、保温、防滑的优点。洞石有着与其他石料不同的特点,其外观效果是花岗石、大理石所不能取代的,较适合用于室内墙面的装饰。意大利、土耳其和伊朗是盛产洞石的国家,尤其意大利在洞石使用上有着非常悠久的历史,其历史之悠远,古典气息之浓厚,艺术感之强烈,都是无与伦比的。

　　常用洞石包括以下几种:

　　(1) 白洞石:按照色彩分为米白洞石和雪花洞石(纯白色),相比较来说,白洞石比黄洞石价格要稍高;

　　(2) 黄洞石:质朴自然,它的颜色不刺眼,阳光照上去的时候,从洞石上能呈现出来的古生物化石形成的自然图案(图 2-21);

　　(3) 红洞石:是新发现的一种洞石,属于花岗岩类型,红洞石为肉红色,孔洞大小直径在 0.5cm 左右,呈不规则型(图 2-22);

　　(4) 黑洞石:色相为灰黑色,带有深灰色空洞,感觉质朴典雅,而且具有低辐射性,适用于室内或室外。

　　4. 砂岩

　　砂岩属于碎屑沉积岩,主要由石英组成。其特点是颗粒均匀、质地细腻、耐用性好,而且隔声、吸潮、抗破损、不退色,同时还是零放射性石材,对人体无伤害。砂岩还是一种天然的防滑材料,是天然的亚光材料。

　　从装饰效果来说,砂岩可以创造一种暖色调的风格,既显素雅温馨,又不失华贵大气。在耐用性上,砂岩绝对可以与大理石和花岗岩相媲美,它不会风化,不会变色。常见的种类有白砂岩、黄砂岩、木纹砂岩、山水纹砂岩等品种。

● 图 2-11 大面积用爵士白的室内环境效果（乐亨赛富食品公司前厅）

5. 板岩

板岩是由沉积岩变质而成的黏土页岩，拥有一种特殊的层状视觉效果，是一种易于劈解成薄片、多层次的石材。其表面粗糙，纹理粗犷，硬度适中，吸水性较好，同时具有防滑、易加工、可拼性强、耐酸、耐火、耐寒等特点，不含对人体有害的放射元素，是一种低价格的装饰石材。板岩色泽古朴，给人一种朴实、自然的亲近感，适于装饰墙面和地面铺装。颜色有黑色、灰色、绿色、青色、褐色、紫红色等色（图 2-23）。

6. 人造石材

人造石材可按设计要求制成大型、异形制品，具有类似大理石，花岗石的特点，色泽均匀，结构紧密，耐磨，耐水，耐寒，耐热，高质量的人造石板的物理力学性能，可超过天然大理石。

人造石材的优势是可以创造大面积无接缝的效果，及可达到任意色彩的要求，比如在纹理方面，可以模仿天然纹理，但人造石材也存在很多缺点，比如其硬度不像天然石材一样坚硬，在色泽和纹理方面不及天然石材自然、美观。在质感上有明显差别，很多人造石材的纹理不够自然，人造气息浓重。

常用人造石包括以下几种：

（1）水泥型人造石：以水泥或石灰、磨细砂为胶结料，砂为细骨料，碎大理石、碎花岗石、彩色石子为粗骨料，经配料、搅拌、成型、加压、蒸养、磨光、抛光而成，亦称水磨石，具有价格低廉、强度高、耐久性好、方便实用等特点。大部分尺寸是按设计要求定制的；

（2）聚酯型人造石：是以不饱和聚酯树脂为胶粘剂，与石英砂、大理石粉、方解石粉等搅拌混合，浇筑成型，在固化剂作用下产生固化作用，经脱模、烘干、抛光等工序而制成。它对醋、酱油、食油、墨水等不会着色或着色轻微；

（3）微晶玻璃型人造石：也称微晶玻璃、玉晶石、水晶石、结晶化玻璃、微晶陶瓷等。它是由无机矿粉经过高温熔制，再高温烧结而得到的多晶体。它集中了玻璃与陶瓷的特点，性能却超过它们，在机械强度、耐磨损、耐腐蚀、电绝缘性、热膨胀系数、热稳定和耐高温等特性均大幅度优于现有的工程结构材料（陶瓷、玻璃、钢材等）。它具有无辐射性、无污染的特点，是新一代的绿色环保型建材产品；同时，它还具有无色差、色纯净，光泽度100%，几乎不吸水，经久耐用、耐酸、耐碱、耐候、不变色，密度高、强度大、几倍于天然石材等特点。

● 图 2-12　黑白根

● 图 2-13　橙皮红

● 图 2-14　印度绿

● 图 2-15　深啡网纹

● 图 2-16　浅啡网纹

● 图 2-17　紫罗红

● 图 2-18　大花白

● 图 2-19　银线米黄

● 图 2-20　帝王米黄

图 2-21　黄洞石

图 2-22　红洞石

图 2-23　板岩

2.2　木　材

材料中的木材被认为是最具有人性特征的材料，从人类进入文明时期开始有意识的建造活动起，木材就成为基本的建筑材料。人们都愿意接近并喜爱它生动的纹理和天然的光泽。

描述木材那种自然美的品质，不需要任何多余的华丽词藻，这个世界到处都布满了树。木材和其他材质相比有着明显的优点，它具有潜在的再生功能，能为我们提供无尽的资源，它可以再利用，能进行生物降解，无毒。并且它能够用相对简单的工具很快加工成型。很少有材质能像木材这样成为品质、安全性与可靠性的代表。"木材能够使我们每个人都成为设计师。我们很容易就能弄到木材并使用它。我们可以用木材塑形、雕饰、刮刻、磨砂或钉钉子（图 2-24）。我们许多人在小时候都锯过、割过或捶过木块，都有过将粗糙的、抛弃不用的木材做成各种玩具的经历。"❶

尽管今天有许多更具优越性能的新型材料可以选择，木材的优势还是很明显，材质较轻，强度较高，有较好的弹性和韧性，容易加工和涂饰，也便于维护，而且木材还是很好的绝缘材料，对声音、热和电都有较好的绝缘性。不过，木材也有缺点，最为显著的是易燃，并容易出现胀、缩、弯曲和开裂等现象，同时有变色、腐朽和虫蛀等局限。

从环境保护角度考虑，木材作为一种资源，其数量也是有限的，所以在设计中应尽量减少木材用量，使用可持续供给的林木，既不破坏生态植被，也具有重复使用和循环再利用的价值。

2.2.1　木材的常识

1. 木材的分类

天然木材分为硬木和软木。硬木材主要是指冬季落叶的具有宽阔叶形的树种，比如枫木、榉木、柚木、水曲柳、檀木等。这些木材多产自于热带雨林地区，优点是具有丰富多样的自然纹理和色泽，缺点是容易因为缩胀和曲翘而开裂和变形。由于树干通直部分较短，所以难以得到较长的木材。硬木材木质硬度较高而且较重，是家具制作和室内装饰工程的良好饰面用材。软木材主要指的是四季常青

图 2-24　木材的可塑性较强

---

❶ （英）克里斯. 莱夫特瑞著. 木材. 上海：上海人民美术出版社，2004：10.

的松、柏、杉等具有针形叶子的树种，它的木质较软较轻，易于加工，纹理顺直，材质均匀，膨胀变形小，耐腐性较强。由于树干通直高大，容易取得长度较大的木材，多用于家具制作和装修工程的框架制作，如龙骨等基层。

（1）原条：是树木去除根、树皮但未按标定的规格尺寸加工的原始材。一般用于脚手架。

（2）原木：在原条的基础上，按一定的直径和规格尺寸加工而成的木材。直接用作房梁、柱、椽子、檩子等。

（3）锯材：可将锯材加工成板材和木方（图2-25）。

2. 木材的干燥处理

树木在生长过程中，不断吸收水分而生长。因此，伐倒的树木水分的含量一般都大，经过运输、堆存，水分虽然有所减少，但由于原木体积较大，水分不易排出。因此，这种潮湿的木材制成的产品，将会由于干缩产生开裂、翘曲等变形。另外，时间长了，也容易腐朽、被虫蛀。在使用中容易发生变形、开裂、弯曲等质量问题，其产生的原因主要是干燥处理不到位。

木材干燥处理是一项复杂的工艺，处理得好与坏，对木制品质量影响颇大。一般优质的木制品都先经过较长时间的自然干燥，然后再进行人工的除湿干燥。不同质的木材干燥工艺是不尽相同的，如果没有先进的设备，较大的场所和熟练的操作技术，即使经过干燥处理，最终还是会出现上述质量问题。所以板、方材都必须经过干燥处理，将含水率降到允许范围内，再加工使用。经过干燥处理的木材，受水分侵蚀后，就会膨胀，因此木制品未刷油漆前不要在空气中暴露时间过长。

3. 木材的防腐

防腐是通过对木材的防腐处理，使木材具有防腐烂、防白蚁、防真菌的功效。防腐木的木材一般从俄罗斯和北欧进口，而在我国使用的材料大多为樟子松，还有南方松等。多用于户外环境中，可以直接用于雨水和土壤接触的地方，是户外墙体、园林景观中的木质地板、围栏等的首选材料（图2-26～图2-28）。

● 图2-25　备用的木材原料

● 图2-26　木材用于户外墙体（局部）的效果

● 图2-27　木材用于户外建筑墙面的效果

（1）自然防腐：红雪松是天然的防腐木材，是所有针叶树中抗腐能力最强、重量最轻的一种。其具有出色的抵抗风、雨、虫害的性质。容易干燥，收缩率低，使用中表现出罕见的尺寸方面的稳定性，完全不含树脂，具有良好的粘接性能（图2-29）。红

条件下木建筑材料的使用寿命。

4. 木材的装饰特性

艳丽的色泽、自然的纹理、独特的质感赋予木材优良的装饰性。极富有特征的弹性正是来自于木质产生的视觉、手感，因而成为理想的天然材料。

（1）纹理美观：木材天然生长具有的自然纹理使木装饰制品更加典雅、亲切、温和。如直细条纹的栓木、樱桃木；不均匀直细条纹的柚木；疏密不均的细纹胡桃木；断续细直纹的红木；山形花纹的花梨木；勾线花纹的鹅掌楸木等。

● 图2-28 木材用于户外地面铺装的效果（西山美墅售楼处）

（2）色泽柔和，富有弹性：木材因树种不同，生长条件有别，除具有多种多样天然细腻的纹理之外，还具有丰富的自然色彩与表面光泽。淡色调的有枫木、橡木、白桦木等，如乳白色的白蜡木、白杨，白色至淡灰棕色的椴木，淡粉红棕色的赤柏木。深色调的有檀木、柚木、桦木、核桃木等，如红棕色的山毛榉木，红棕色到深棕色的榆木，巧克力棕色胡桃木，枣红色的红木。

● 图2-29 用红雪松加工而成的户外座凳凳面

雪松也可以在室内使用，可有效地驱除蟑螂等蛀虫，是极好的天然防腐、防虫材料。

（2）炭化木：炭化木不是某一特定的树种，而是利用高温对木材进行处理形成的。炭化木拥有一定的防腐和抗生物侵蚀的作用，而且材质稳定，不易变形和开裂，但强度减弱，易磕碰损坏，并且不具有木材本身的气味。经过高温炭化处理的防腐木材色彩华丽，而且温度不同颜色也不相同，常有浅黄、棕色和深棕色等。在户外，炭化木不能用于与水和土壤直接接触的环境里，但可用于室内的地面或墙面，也可用于装修桑拿房和浴室。

（3）化学防腐：ACQ是目前唯一对木材既能达到防腐目的，而又对环境与人体不造成损害的物质，ACQ属于水溶性防腐剂，并不改变木材的基本特征，因而不影响木材本身的强度，相反可提高恶劣使用

（3）防潮、隔热、不变形：木材的装饰特性是极佳的，其使用功能也是优良的，这是由木材的物理性质（孔隙、硬度、加工性）所决定的。如木材的孔隙率可达50%左右，导热系数为0.3W/(m·K)左右，具备了良好的保温隔热性，同时又能起到防潮、吸收噪声的作用。在优选材质并配以先进的生产设备后，可使木材达到品质卓越、线条流畅、永不变形的效果。

（4）耐磨、阻燃、涂饰性好：优质、名贵木材其表面硬度使木材具有使用要求的耐磨性，因而木地板可创造出一份古朴、自然的气氛。这种气氛能否长久依赖于木材是否具有优异的涂饰性和阻燃性。木材表面可通过贴、喷、涂、印达到尽善尽美的意境，充分显示木材人工与自然的互变性。木材经阻燃性化学物质处理后即可消除易燃的特性，从而增加了它的使用可靠性。

我们在选择木材的时候，应该综合考虑它的硬度、纹理及价格，若对色泽不满意还可以通过色精擦色来达到满意的木色效果。

5. 木材表面处理效果

木材是一种天然的材料，是最富有人情味的材料，天然的纹理和色泽具有很高的美学价值。但木材也有一些不可避免的缺点，比如节疤、裂纹、易污等，影响了木材的使用效果。为了达到满意的效果，需要对木材进行表面处理。

(1) 表面基础的加工处理：进行表面基础加工处理是为了使木材表面平滑、亮丽、美观，以便于后续的加工。

1) 砂磨：就是用木砂纸在木材表面，并且顺着木纹方向来回研磨，这是为了去除在木材加工过程中残留在木材表面上的木刺，使木材表面更平滑。

2) 脱色：就是用化学药剂对木材进行漂白处理，使木材表面的色泽获得基本的统一。常用的脱色剂有双氧水、次氯酸钠、过氧化钠。

3) 填孔：就是将填孔料填于木材表面的裂缝、钉眼、虫眼等部位，可以使木料表面平整。

4) 染色：为了得到纹理优美、颜色均匀的木质表面，木制品一般需要染色。木材的染色一般可分为水色染色和酒色染色两种。

(2) 表面覆盖的加工处理：

1) 涂饰：也称为涂装或油漆，把涂料涂覆到产品或物体的表面上，使被覆层转变为具有一定附着力和一定强度的涂膜，使木料能得到预期的保护和装饰效果。涂饰可以分为透明涂饰和不透明涂饰，前者多用于木纹漂亮、底材平整的木制品，后者多用于具有遮盖力的彩色涂料和油漆。

2) 覆贴：将面饰材料粘贴在品相不好的木制品表面的一种装饰方法。用来增加外观装饰效果，常用的覆贴材料有PVC膜、木纹纸、薄木等。

3) 化学镀：是指在木材表面形成金属或合金镀层。木材主要是镀铜或金。这样不仅能够使木材具备电磁屏蔽性能，而且由于铜和金的镀膜色泽，能够显示木制品华丽的装饰性，增加木制品的附加值。

木材在后期的色彩处理上拥有其他材料无法比拟的优势，它既拥有独特的自然的纹理，又可以容易地被赋予各种光泽和色彩。

2.2.2 常用的木材种类

1. 彰显华贵的木材

(1) 紫檀：产自印度、菲律宾、马来半岛、泰国，以及中国的广东省。树干多弯曲，可取之材很少，极难得到大直径的长树，边材狭，材质致密坚硬，入水即沉，心材呈鲜红或橘红色，久露空气后变为紫红褐色条纹，纹理纤细浮动，变化无穷，有芳香，同时也是名贵的药材，用它做成的椅子，沙发还有疗伤的功效，是我国自古以来最贵重的木材。紫檀变形率非常低，纤维非常细，适合雕刻。

(2) 鸡翅木：产于缅甸、泰国、印度、越南等东南亚国家。其可分为新、老两种。老鸡翅木肌理致密，紫褐色深浅相间成纹，尤其是纵切而微斜的剖面，纤细浮动，予人羽毛灿烂闪耀的感觉，酷似鸡翅膀。鸡翅木较花梨、紫檀等木产量更少，木质纹理又独具特色，因此以其存世量少和优美艳丽的韵味为世人所珍爱。新鸡翅木木质较粗糙，紫黑相间，纹理往往浑浊不清，僵直无旋转之势，而且木丝有时容易翘裂起茬。木材剖开是鲜黄色，接触空气后变褐色或黑褐色。内含黑色树胶、沉积物，木材结构虽粗，但切面花纹美丽，花纹中黑、白、紫三种颜色形成芦花雄鸡羽毛形态，木质坚硬，加工难度大，价格高于一般红木。

(3) 黄花梨：又称降香黄檀，颜色从浅黄到紫赤，木质坚实，花纹美好，有香味，锯解时，芬芳四溢。材料很大。它是明及清前期考究家具的主要材料。黄花梨木以其明显的优势进入文人的视线。它呈温润的黄色，不刺目、不突出，但绝不会被人忽略，符合儒家中庸之道的思想；它的木纹如行云流水般舒畅自如，暗合了文人追求自然的心境。因此，在文人的督促与设计下，黄花梨家具被大量生产并使用。因黄花梨木的珍贵，文人与工匠在制作时需要更加珍惜小心，每一个造型都反复琢磨，每一处的装饰都细致入微，惟恐俗气之作糟蹋了美妙的木材。因此黄花梨木所制成的家具，大多线条简洁、造型文雅，做工一丝不苟，不入俗流，成为古典家具的经典之作。可以说，文人自身的情怀，以及对黄花梨木的理解一点一滴地渗透在家具中，从每一处细节中体现出来，形成了黄花梨家具的文人化倾向。

（4）红木：现在最常见的一种硬木，在清中期后被广泛使用，是当黄花梨、老鸡翅木等日见匮乏之后大量进口的。又有紫榆之名，广东称之为"酸枝"，而红木是江浙及北方流行的名称。产于印度、泰国、缅甸、越南、老挝、柬埔寨等东南亚国家，系黄檀属珍贵树种之一，心材呈橙色、浅红褐色、红褐色、紫红色、紫褐色至黑褐色，材色不均匀，深色条纹明显，材质坚硬、耐磨、沉于水。红木也有新老之分。老红木近似紫檀，但光泽较暗，颜色较淡，质地致密也较逊，有香气，但不及黄花梨芬郁。新红木颜色赤黄，有花纹，有时颇似黄花梨。

（5）楠木：国家Ⅱ级重点保护野生植物，是一种极高档之木材，楠木主要产于中国四川、云南、广西、湖南、湖北等地。楠木色泽淡雅匀整，伸缩性小，容易操作且耐久稳定，是非硬性木材中最好的一种。楠木自古被人重视，屡见记载，有"骰柏楠"、"门柏楠"、"门斑楠"诸称，且有以"满面葡萄"来形容其花纹细密瑰丽。明代宫廷曾大量伐用。现北京故宫及京城上乘古建多为楠木构筑。楠木不腐不蛀有幽香，皇家藏书楼、金漆宝座、室内装修等多为楠木制作。如文渊阁、乐寿堂、太和殿、长陵等重要建筑都有楠木装修及家具，并常与紫檀木配合使用。明清前期的家具，除整体用楠木外，经常与几种硬性木材配合使用。

楠木还有一个特点，即除桦木外，其结瘿生纹多于其他树木，明清前期家具中处于显著地位的瘿木，多数为楠木瘿子，这些楠木瘿子多数是从四川西部大株楠木的根部剖解出来的。

楠木包括三种：一是香楠，木微紫而带清香，纹理也很美观；二是金丝楠，木纹里有金丝，是楠木中最好的一种，更为难得的是有的楠木材料结成天然山水人物花纹；三是水楠，木质较软，多用于制作家具。

（6）瘿木：亦称影木，影木不是某一特定树种，而是泛指树木生病后所生的瘿瘤，为木质增生的结果。其木多节，缩蹙成山水人物鸟兽的纹案，有的木纹结成小葡萄纹及茎叶之状，名曰"满架葡萄"，极富观赏性，是最好的装饰材料。瘿木品种众多，有桦木瘿、楠木瘿、榆木瘿、樟木瘿、花梨瘿等，其中又以花梨瘿最为名贵。

2. 较为大众的饰面用木材

（1）樱桃木：是一种非常受人钟爱的木材，产自南美。红棕色木纹细腻、高贵、典雅，适合演绎欧式风格的室内。近年来流行的樱桃木的色彩偏重于红色，更能显出华贵气息。樱桃木常被打造成各种装饰家具、乐器和胶合板的贴面。

富贵红樱桃木：木纹纹理极富创意与想象，图案类似于红色郁金香，将其用作地板、装饰台面都可以营造出意想不到的艺术氛围。

双色樱桃木：木纹纹理自然流畅，色泽为红橙相间，极富金丝绒般的质感，将其作为门的装饰面板，从不同角度观看，有山峦起伏、层层叠叠的意境。

（2）胡桃木：分为黑胡桃木、灰胡桃木、红胡桃木。称为黑胡桃木的原因，并非指其木材为黑色，而是由于其果实外壳为黑色的缘故。实际上黑胡桃木的心材为浅棕至棕黑色，偶有带紫色的出裂纹及黑色条纹。其硬度重量适中。胡桃木是一种中等密度的坚韧硬木材，易用手工工具和机械加工，其木质干燥缓慢，很细腻，不易变形，极易雕刻，色泽柔和，木纹流畅，耐冲撞磨擦，打磨蜡烫后光泽宜人，容易上色，可与浅色木材并用，尺寸稳定性较强，能适合气候的变化而不变形。胡桃木可以用柔美的线条来展现室内浪漫而典雅的风格。胡桃木分布于美国东部地区，主要商用林区位于美国中部各州。

（3）柚木：柚木又称为泰柚，产自于东南亚地区，中国两广和云南等省也有引种，以泰国出产的最为优秀，属泰国的国宝。柚木有木中之王的称号，随着资源的缺乏，其身价也越来越高。

柚木的木质色泽呈黄褐色，部分木材表面有清晰的棕色和黑色的条纹，其密度及硬度较高，不易磨损，具有耐腐性，在各种气候条件下都不易变形，而且易于施工，油漆和上蜡性能良好。柚木含有极重的油质，这种油质可以使之保持不变形，并带有一种特别的香味，能驱虫、鼠、蚁等。柚木可吸收室内的有害物质，清洁空气，这在提倡绿色装修的今天更具吸引力。柚木还有空气湿度调节器的美称。当室内空气湿度过大时，柚木可以吸收空气中过多的水分；当室内过于干燥时，它又可以释放水分，使室内湿度大体维持在一个较正常的水平。在日常生活中，柚木被用来制作高档家具与装修，装饰效果古色古香，庄重大方。柚木常被认为是一种高级的户外用品的材料，它独特的天然抗风化的特性与硬度自然使得它成为户外用具的最佳选择。它的良好的抗风化性的秘密就在于它自然产生的油脂堵住了它的毛孔，这就减少了特别保护的需要，使它具有自我保护的功能。

（4）水曲柳：是比较常见的木材，主要分布于我国东北黑龙江的大兴安岭东部和小兴安岭、吉林的长白山等地，向西还分布于辽宁的千山、河北的燕山山脉，以及河南、山西、陕西和甘肃的局部地区。

水曲柳生长轮花纹明显，木纹清晰有光泽（图2-30），边材呈黄白色，心材呈褐色微黄，锯刨加工后木材颜色略显浅金黄色。水曲柳材质略硬，无特殊气味，耐腐、耐水性能好，木材干燥较慢，工艺弯曲性能良好，材质富于韧性。锯刨等加工容易，不抗蚁蛀，刨面光滑，着色性能好，具有良好的装饰效果。水曲柳可以漂白，褪去黄色，使曲柳颜色变浅，在木纹上染有黑或白色，可以创造出水曲柳的现代感。直纹曲柳的纹路是一排排垂直排列的，大花曲柳也就是我们通常见到的纹路像水波纹一样。水曲柳纹理清晰细腻，自然生动，具有木材的自然淳朴香味，其特殊而无规律的纹理有着出神入化又巧夺天工的艺术魅力。水曲柳的价格比较便宜，刷清油后颜色比较黄，但是只要细心加工，充分展现水曲柳的木纹效果，绝对可以创造优雅不俗的装饰效果。

图2-30　水曲柳木纹纹理

（5）柞木：在我国主要产于东北林区，1998年国家实行天然林保护工程后，采伐量受到限制，因此市场需求主要从俄罗斯进口来满足。柞木木材呈浅黄色，纹理较直，弦面具有银光花纹，木质细密硬重，干缩性小。柞木质地硬、相对密度大、强度高、结构较致密，耐湿耐腐性强，耐磨损，着色性能良好，加工困难，但加工切面光滑，是制作家具的优质材料。柞木与白橡是同科木材，在中国木制品出口中，柞木制品占有相当比重。

（6）榉木：又称椐木，产于我国长江以南地区，江浙一带产量最盛。榉木木质坚硬，丹麦等北欧国家所产较其他地区更为硬重。榉木纹理顺直，花纹美丽，在浅色的背景上显有深色的条纹或斑纹，如天然的山峦重叠，呈抛物线状，俗称宝塔纹，纹络的颜色呈琥珀色，异常有光泽感，是白木中的珍贵木材。榉木木材干燥迅速，性质良好。

榉木在北方被称之为南榆，它虽不属于硬木类，但其重量是白木中最重的。欧洲榉木分为红榉和白榉。二者烘干前是同一种木材，所不同的是红榉在烘干时有蒸汽熏蒸的工艺，而白榉则没有，且蒸汽熏蒸的时间长短，又决定了榉木红色的深浅。一般来说，意大利的红榉颜色较深，而法国、丹麦的红榉颜色较浅。需要注意的一点是，白榉并不是雪白的，而是较浅的粉红色。

（7）沙比利：又称为沙贝利，产自非洲。木材颜色种类从浅红到暗红色不等，深颜色的木材呈红褐色，木质纹理粗犷，有光泽，纹理有闪光感和立体感。沙比利给人以庄重却亮丽,高贵却朴实的感觉。外观木纹交错,有时有波状纹理,在四开锯法加工的木材纹理处形成独特的鱼卵形黑色斑纹;疏松度中等,光泽度高;边材呈淡黄色,心材呈淡红色或暗红褐色;重量、弯曲强度、抗压强度、抗震性能、抗腐蚀性和耐用性中等;韧性、蒸汽弯曲性能较低;加工比较容易,尽管由于交错木纹,其表面可能会在刨削过程中开裂;胶粘、开榫、钉钉的性能良好;上漆等表面处理的性能良好,特别是在用填料填充孔隙之后。

(8)枫木:枫木分为软枫和硬枫两种,属温带木材,在我国产于长江流域以南直至台湾省,国外产于美国东部。枫木按照硬度分为二大类:一类是硬枫,亦称为白枫、黑槭;另一类是软枫,亦称红枫、银槭等。颜色为乳白到本白。有时带轻淡红棕色,西部木材多数呈淡灰棕色。木材紧密、纹理均匀、抛光性佳,偶有轻淡绿灰色之矿质纹路,易涂装。年轮不明显,官孔多而小,分布均匀。枫木纹里交错,结构细致而均匀,质轻而较硬,花纹图案优良。容易加工,切面欠光滑,干燥时易翘曲。油漆涂装性能好,胶合性强。

3.适用于家具制作的木材

(1)桦木:桦木有旋转花纹,板材也较大,略重且硬,易加工,切削面光滑,适用于雕刻和制作各式家具。

1)棘皮桦:产自河北、辽宁、吉林等地,木材呈浅褐色,纹理致密有光泽,质地较粗糙。

2)坚桦:别名杵榆,产自河北、河南、辽宁等地,木材初带白色,后变红褐色,有光泽,质地坚重致密,为华北木材之冠,俗有南紫檀、北杵榆之称。

(2)樟木:樟木产自我国东南沿海各省,尤以福建、台湾为多,江西、湖南、湖北等省亦有。樟木树皮呈黄褐色,心材呈红褐色,边材呈灰褐色,纹理细腻,花纹精美,且不易变形,可用于雕刻,木材有香气,能避虫害。樟木一般用于制作箱、匣、柜、橱等家具,或与硬木配合使用,其价格低于楠木。

(3)榆木:属榆科,落叶乔木,喜生寒地,主要产于中国华北、东北地区,高可达十丈。其纹理直,结构粗,材质略坚重,适宜制作家具,榆木家具多在北方制作和流行。

(4)橡木:橡木是英国木料中的经典,在英国的传说故事中常常被提到。用在室外不是最合适的木材,它粗糙的质地,直且漂亮的纹理,容易加工与涂饰,是最有艺术感的家具用料。

4.多用于做隐蔽龙骨线脚用的木材

(1)松木:松木属于软木,由于森林覆盖率高,所有的树木基本上没有经过人工修剪,使得在加工成材后,枝节部位留下的是自然生长的痕迹,因此在应用时更能充分地展现材料的真实、厚重及自然美感。松木的生长周期长,年轮纹理细密,木材质地柔韧,含油量低,本身的阴阳色分布均匀。松木的价格比较适中,常用来制作家具(图2-31、图2-32)。

● 图2-31 松木木纹纹理

1)白松:边材与心材色差不大,都呈白色或浅黄色。质地软,耐水,耐腐,易加工。

2)红松:边材呈浅黄色,心材为黄透微红色。材质轻软,易加工,但边材易腐,耐水。

3)落叶松:有光泽,具松脂气味,纹理直而不匀,结构略粗。重量适中,硬度稍软,切面光滑,染色、油漆后光亮性能较好。握钉力强,干燥快,易开裂和扭曲。耐腐性强,是针叶树材中耐腐性最强的树种之一。抗蚁性弱,但能抗海生钻木动物危害,防腐浸注处理困难。

● 图 2-32　用松木材料制成的墙面装饰

（2）椴木：椴木又称菩提、美洲白木。椴木的白木质部分通常很大，呈奶白色，逐渐并入淡至棕红色的心材，有时会有较深的条纹。椴木质地松软，加工、着色力、油漆性能好，还可以染色、漂白，染上红色可代替红香木，做表面镶嵌用，收缩性小，不易变形。椴木重量轻，质地软，强度比较低，属于抗蒸汽弯曲能力不良的一类木材。椴木没有心材抗腐力，白木质易受常见家具甲虫蛀食，需要进行渗透防腐处理。

2.3　金　　属

金属材料是指由一种金属元素构成或以一种金属元素为主，掺有其他金属或非金属元素构成的材料总称。金属材料分为黑色金属与有色金属两大类。黑色金属是指以铁元素为主要元素成分的金属及合金，如生铁和钢。有色金属是指黑色金属以外的金属，如铝、铜、锌、钛等金属及合金。

金属材料具有强度高、韧性好、性能稳定、易于加工等特点，而且金属质地坚硬、外观富有光泽，具有反光特性。它们不会变旧，而且即便是生了锈的金属也仍旧具有独特的美（图 2-33）。金属在建筑中起着主要支撑作用，承载着我们平时看得见的、露在外面的其他材料。

用于建筑装饰的金属材料，除铁、铜、铝，及其合金外，近年来，对金、银的使用也呈上升趋势。

2.3.1　钢铁

铁元素在自然界是以化合态存在的，生铁就是以铁矿石、焦炭和溶剂等在高炉中经冶炼，使矿石中的氧化铁还原成单质铁而制成的。但生铁中碳含量大于2%，杂质含量高，材质性能差。钢是以生铁为原料，经过进一步地冶炼，除去杂质，得到优质的铁碳合金。钢的碳含量小于2%，并含有少量其他元素。目前建筑装饰装修的结构用钢主要为普通碳素钢。

钢材强度高、韧性优良、塑性好，具有很好的抗冲击性，钢材还具有优良的工艺加工性能，可焊、可锯、可铆、可切割，现场施工速度快，标准化程度高（图 2-34、图 2-35）。

● 图 2-33　生锈的钢板作为建筑外观的主要材料

钢材按外形可分为型材、板材、管材、金属制品四大类（图 2-36）。钢有圆钢、方钢（图 2-37）、扁钢（图 2-38）、工字钢、槽钢、角钢及螺纹钢等。角钢俗称角铁，是两边互相垂直成角形的长条钢材。槽钢是截面为凹槽形的长条钢材。螺纹钢是指钢筋混凝土配筋用的直条或盘条状钢材。钢材经常作为构造运用。普通钢材的缺点是在使用过程中极易锈蚀。钢材的锈蚀有两种：一种是化学锈蚀，即常温下钢材表面受氧化而锈蚀；二是电化学腐蚀，由于钢材在较潮湿的空气中，其表面发生"微电池"作用而产生化学变化。钢材的腐蚀大多数是属电化学腐蚀。

1. 不锈钢

通俗地说，不锈钢就是不容易生锈的钢。不锈钢是指在普通钢材中加入以铬元素为主要成分的合金钢，铬含量越高，钢的抗腐蚀性越好。在不锈钢中加入镍元素后，由于镍对非氧化性介质有很强的抗蚀力，因此镍铬不锈钢的耐蚀性就更出色。

不锈钢的显著特性是表面的光泽性，不锈钢经表面精饰加工后，可以获得镜面般光亮平滑的效果，光反射比可达 90% 以上，可以清晰映射出前方物体的投影。在同济大学建筑馆新馆三楼的休息平台处，墙面采用了不锈钢折板，折板的反射特性，使得休息空间增加了空间层次，也为使用者提供了观赏的兴趣点（图 2-39）。

不锈钢板分为拉丝不锈钢板和镜面不锈钢板两种。不锈钢可以大面积地作为墙面、地面的装饰材料，有时也用作顶棚的材料，能营造出很酷的时尚空间来。

2. 角钢

角钢俗称角铁，是两边互相垂直成角形的长条钢材，有等边角钢和不等边角钢之分。等边角钢的两个边宽相等。其规格以边宽×边宽×边厚的毫米数表示。如"L 30×30×3mm"，即表示边宽为 30mm、边厚为 3mm 的等边角钢。也可用型号表示，型号是边宽的厘米数，如 L 3 号。角钢可按结构的不同需要组成各种不同的受力构件，也可作构件之间的连接件，广泛地用于各种建筑结构和工程结构。在室内

● 图 2-34　以钢材为主的现代环境空间

● 图 2-35　用钢板制作的棚架（中国国际展览中心）

设计中，角钢也可以作为外露的装饰用构件。由于自身的特点，应用角钢带来的视觉感受往往是比较坚实、质朴的，又有一些工业化的味道。

角钢表面大都无光泽，摸上去会有生涩的触感。不足之处在于表面没有经过处理容易氧化生锈。所以一般在用这类材料的时候，在它们表面都要作一些刷漆镀膜处理，才能延长它的使用年限。

3. 工字钢与槽钢

工字钢和槽钢是截面为凹槽形的长条钢材。其规格表示方法，如 120×53×5mm，表示腰高为 120mm，腿宽为 53mm 的槽钢，腰厚为 5mm 的槽钢，或称 12 号槽钢。和角钢类似的是，它的表面也较朴素、没有突出的光泽。

槽钢主要用于建筑结构、室内自行搭建的一些轻质结构等。它还常常和工字钢配合使用形成具有另外一些视觉效果的装饰构件。如用于门套装饰等，可使人感受到强烈的工业感。

4. 彩钢板

彩钢板是指彩色涂层钢板，彩色涂层钢板是一种带有有机涂层的钢板，具有耐蚀性好，色彩鲜艳，外观美观，加工成型方便及具有钢板原有的强度，且成本较低等优点。彩色涂层钢板的基板为冷轧基板、热镀锌基板和电镀锌基板。彩钢可满足刚度、强度、隔热、保温、耐水、防潮的要求，而且具有

● 图 2-36　钢材集中的售卖场

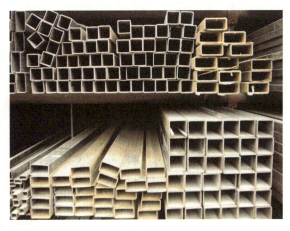

● 图 2-37　方钢

图 2-38 用扁钢加工的隔断

质量较轻等性能。它用磁铁可以吸附，这是它区别于塑钢的地方。

彩色涂层钢板对于建筑业主要用于钢结构厂房、机场、库房和冷冻等工业及商业建筑的屋顶墙面等，民用建筑采用彩钢板的较少，不过我们可以根据它的良好特性，在设计中加以运用。

彩钢板的规格有以下几种。

(1) 厚度(mm)：50、75、100、150、200、250 等。

(2) 长度(mm)：不限，可根据工程情况、运输、安装等需要决定长度。

(3) 宽度(mm)：1200（可任意裁割）、1150（企口式板）。

5. 花纹钢板

花纹钢板是表面被轧制成有花纹的热轧钢板。一般是在一面轧制花纹，其花纹主要有菱形和扁豆形两种。这种材料富有肌理，不但视觉上比较美观大方，而且有防滑的功能。主要用于建筑设施、机械设备等的地面铺设。目前有许多室内空间的夹层地面、楼梯踏步常用此钢板，不足之处在于容易堆积污垢，不易清理。如大面积使用，则接缝处较难处理(图 2-40、图 2-41)。

图 2-39 镜面不锈钢折板的效果（同济大学建筑馆新馆）

● 图2-40 花纹钢板用作楼梯踏步(同济大学建筑馆)

● 图2-42 金属网装鹅卵石的材料效果

● 图2-41 典型的花纹钢板样式

● 图2-43 粗金属网装饰的走廊顶棚(法国文化中心)

钢板厚度一般为2.5～12mm。

6. 金属网

金属网是用金属材料根据不同的编制方式和编制密度形成的网状卷材。规格为：卷长30m，幅宽0.5～3m。根据功能可分为隔断网、护栏网、过滤网等，按金属材料可以分为钢丝网、不锈钢丝网、镀锌钢丝网片、涂塑网片、带框网片等。利用钢丝网与主墙面或其他不透明的主材料面结合，或在钢丝网里装满第三种材料，如鹅卵石等一些粒状材料，组织起来极具装饰效果(图2-42)。金属网还可作为格栅在吊顶时采用(图2-43、图2-44)。

7. 钢筋

钢筋混凝土用的钢筋是指钢筋混凝土配筋用的直条或盘条状钢材，其外形分为光圆钢筋和变形钢筋两种，交货状态为直条和盘圆两种。缺点也是容易生锈，表面应在施工时作处理。

● 图2-44 细金属丝网装饰的走廊顶棚(清华大学美术学院)

光圆钢筋实际上就是普通低碳钢的小圆钢和盘圆，表面较平滑。变形钢筋是表面带肋的钢筋，通常带有两道纵肋和沿长度方向均匀分布的横肋。横肋的外形为螺旋形、人字形、月牙形三种。变形钢筋表面富有肌理，触觉较粗糙。它们往往会带给人力量的联想(图2-45)。

● 图2-45 用钢筋做的装饰护栏(798艺术区)

● 图2-46 铜管

2.3.2 铜

铜是人类最早使用的金属材料之一，铜可以分为纯铜材以及合金铜材。纯铜材是紫红色的重金属，又称紫铜。铜除了本身经一定加工后能用于室内装饰，还能与其他许多金属形成有不同色泽的合金。例如，铜与锌的合金称为黄铜，其颜色随含锌量的增加由黄红色变为淡黄色。其机械性能比纯铜高，价格比纯铜低，也不易锈蚀，易于加工制成各种五金配件等。铜与镍的合金称为白铜，铜与铝、锡等元素形成的合金称为青铜等。铜中加入合金元素，可以提高其强度、硬度、弹性、易切削性、耐磨性以及抗腐蚀等方面的性能，用以满足不同的使用要求(图2-46)。

在现代室内装饰方面，铜材集古朴和华贵于一身。铜的表面光滑，光泽中等，彰显高雅华贵，经磨光后表面可制成亮度很高的镜面，可以使室内空间光彩夺目、富丽堂皇，因此在装饰中常常被采用，多用于制造浮雕、护栏、灯具等。铜容易产生绿锈，因此需要经常保养，定时擦拭。像医院、商店、机场、车站这样的公共空间中可以使用黄铜门把手，因为黄铜能够杀灭细菌，研究者对黄铜门把手和不锈钢把手进行过测试，不锈钢的门把手上滋生着成千上万的病菌，包括格兰氏阳性细菌及阴性细菌、大肠杆菌和链球菌等。结果令人惊讶的是黄铜把手上的细菌比不锈钢把手要少得多，也就是说，铜还有消灭细菌的作用。

2.3.3 铝

铝是银白色的轻金属，有较好的导电性和导热性。铝是两性的，即易溶于强碱，也能溶于稀酸。铝具有特殊的化学、物理特性，是当今最常用的工业金属之一，不仅重量轻、质地坚，而且具有良好的延展性、导电性、导热性、耐热性和耐核辐射性。

纯铝按其纯度分为高纯铝、工业高纯铝和工业纯铝三类。往纯铝中加入合金元素就得到了铝合金。在铝中加入镁、铜、锰、锌、硅等元素组成铝合金后，其化学性质变了，性能明显提高。

铝合金可制成平板也制成各种断面的型材，表面光平，光泽中等，耐腐蚀性强，广泛用于墙体与屋顶之上。

1. 铝塑板

铝塑复合板又叫做铝塑板，是用经过处理的涂装铝板为表层材料，用聚乙烯塑料为芯材，在专用铝塑板生产设备上加工而成的复合材料。铝塑板具有经济性、便捷的施工方法，优良的加工性能，绝佳的防火性，它能缩短工期、降低成本。铝塑板可以切割、裁切、开槽、带锯、钻孔，也可以冷弯、冷折、冷轧，还可以铆接、螺丝连接或胶合粘接等。

铝塑板分为室内用板和室外用板，两种板材的表面涂层不同，室内所用的板材，其表面一般喷涂树脂涂层，这种涂层适应不了室外恶劣的自然环境，如果用于室外，自然会加速其老化过程，引起变色脱色现象。室外铝塑板的表面涂层一般选用抗老化、抗紫外线能力较强的聚氟弹脂涂层，这种板材比室内用板厚且价格较贵。室外铝塑板理想的基层材料是以经过防锈处理后的角钢、方钢管构成的骨架，如果条件允许的话，采用铝型材作为骨架就更为理想了，这样更不容易变形。

铝塑复合板本身所具有的独特性能，决定了其广泛用途：它可以用于大楼外墙、帷幕墙板、旧楼改造翻新、室内墙壁及顶棚装修、广告招牌、展示台架、净化防尘工程。铝塑复合板在国内已大量使用，属于一种新型建筑装饰材料。铝塑板可挑选的颜色材质较少，价格相对合理，但是不耐磕碰。

2. 铝合金蜂巢板

铝合金蜂巢板是一种新型的材料，它是由后板、前板、左板、右板、上板、下板、蜂巢纸芯、胶层组成的。蜂巢纸芯采用的是软纸质材料，将蜂巢纸芯夹于前板和后板之间并粘在胶层上，装上其他板，使蜂巢纸芯包覆在各板之间（图2-47）。它的优点是：重量轻，不易变形，适合做防变形大跨度台面，或易潮变形的门芯。特别适合做双曲面的建筑屋面和外墙面。

2.3.4　银

纯银是一种美丽的白色金属，是一种应用历史悠久的贵金属，至今已有4000多年的历史。它的拉丁文名字来自梵文，意思是浅色的。用银做成的装

● 图2-47　蜂巢板样品

饰物品，观之高雅大方，内蕴绵长悠远。它的表面工艺好，触感冰冷，给人以冷俊高贵之感。在所有金属中，银对自然光线的反射性能最好。银，白色，光泽柔和明亮，是少数民族、佛教和伊斯兰教徒们喜爱的装饰品。

银对可见光的反射率非常高，银对可见光的反射率为91%。银的延展性较好，拉力和可锻性都很强，可以被锤薄成银块，拉成长而细的银线。银硬度不高，且容易氧化发黄，可以与金、铜、锌等共熔形成合金，也可以直接镀在合金底膜上面。

在室内装饰中，通过注塑、挤压等手段可以把银制成多种形状直接进行装饰，不过造价会很高，一般可少量点缀使用。

2.3.5　钛

钛是一种新型金属，钛的性能与所含碳、氮、氢、氧等杂质含量有关。钛合金具有强度高而密度又小，机械性能好，韧性和抗蚀性能很好。钛合金在潮湿的大气和海水介质中工作，其抗蚀性远优于不锈钢；对点蚀、酸蚀、应力腐蚀的抵抗力特别强；对碱、氯化物、氯的有机物品、硝酸、硫酸等有优良的抗腐蚀能力。但钛对具有还原性氧及铬盐介质的抗蚀性差。

西班牙毕尔巴鄂古根海姆博物馆的表面大量包覆了曲面的钛金属，钛合金的运用不仅满足了建筑形体的需要，其良好的延展性及其独具特色的光泽

质感也深刻体现了建筑师建筑语言的表达，并与该市长久以来的造船业传统遥相呼应。

2.3.6 锡

锡是大名鼎鼎的"五金"——金、银、铜、铁、锡之一。早在远古时代，人们便发现并使用锡了。在我国的一些古墓中，便常发掘到一些锡壶、锡烛台之类锡器。据考证，我国周朝时，锡器的使用已十分普遍了。

锡是一种金属元素，银白色，质软，富延展性。锡很柔软，用小刀就能切开它。锡的化学性质很稳定，在常温下不易被氧气氧化，所以它经常保持银闪闪的光泽。锡是排列在白金、黄金及银后面的第四种贵金属，它不易氧化变色，具有很好的杀菌、净化、保鲜效用。平常，人们便用锡箔包装香烟、糖果，以防受潮（近年来，我国已逐渐用铝箔代替锡箔。铝箔与锡箔很易分辨——锡箔比铝箔光亮得多）。不过，锡的延展性却很差，一拉就断，不能拉成细丝。由于锡怕冷，因此，在冬天要特别注意别使锡器受冻。有许多铁器使用锡焊接的，也不能受冻。1912年，国外的一支南极探险队去南极探险，所用的汽油桶都是用锡焊的，在南极的冰天雪地之中，焊锡变成粉末的灰锡，汽油也就都漏光了。

锡是一种质地较软的金属，熔点较低，可塑性强。它可以有各种表面处理工艺，能制成多种款式的产品。锡在我国古代常被用来制作青铜。锡和铜的比例为3∶7。锡和铜的合金就是青铜，它的熔点比纯铜低，铸造性能比纯铜好，硬度也比纯铜大。所以它们被人类一发现，便很快得到了广泛的应用，并在人类文明史上写下了极为辉煌的一页，这便是"青铜器时代"。后来，由于铁的发现和使用，青铜在我们祖先的生产和生活中才逐渐退居次要地位。金属锡的另一个重要用途是用来制造镀锡铁皮。一张铁皮一旦穿上锡的"外衣"之后，既能抗腐蚀，又能防毒。这是由于锡的化学性质十分稳定，不和水、各种酸类和碱类发生化学反应的缘故。至于锡和铅的合金，它就是通常的焊锡，在焊接金属材料时是很有用的。

第3章 常规材料

材料数量种类众多,依照以往对材料的分类(在第1章材料的分类中可以了解到)难免给人一种"辞海"般的迷茫感受,并且材料在不同的分类中有可能重叠,出现你中有我、我中有你的现象。如此庞大的材料知识如何掌握?这极易使人产生畏惧心理。事实上,材料只有在使用时才最能给人留有深刻的印象,也不是所有的材料都要去记和背,只要掌握最基本的材料知识和能够使用它就可以了。最应注意的是我们在设计中如何突破材料本身的局限,创造出更有艺术性的视觉效果。

3.1 从形态上认识材料

材料内容庞杂,品种繁多,为了便于学习和避免给人枯燥乏味的感觉,以下主要针对最常用的材料而展开,并尝试通过材料形态上的分类,给予材料形象化的描述。如果我们从形态的角度来熟悉材料,不仅能够很容易地使材料在脑海当中留下很直观的印象,而且更能够促使我们从材料形态的角度发挥想象力,创造材料新的使用方式的可能。

3.1.1 片状的材料

1. 瓷砖

所谓瓷砖,是以耐火的金属氧化物及半金属氧化物为原料,经由研磨、混合、压制、施釉、烧结之过程而形成的一种耐酸碱的瓷质建筑或装饰材料,总称为瓷砖。其原材料多由黏土、石英砂等混合而成。

我们近些年来所能看到的瓷砖样式,已经不再是过去几乎单色的陈旧式样。随着工艺的进步,瓷砖在色彩、质感、功能和尺寸等方面有了不小的发展。如表面样式和尺寸形状可以根据需要来订做,利用彩绘、不同的模具等设计出不同的色彩和凹凸肌理、质感变化,有的还可以具有金属光泽,可以仿石材、木材、织物等(图3-1、图3-2)。

● 图3-1 瓷砖样板(居然之家)

● 图3-2 增加肌理效果的瓷砖

下面介绍几种瓷砖的种类。

(1)釉面砖:顾名思义,就是砖的表面涂有釉料烧制成的砖。砖又分为陶土和瓷土两种。陶土烧制出来的砖背面呈暗红色。瓷土烧制出来的砖背面呈灰白色,通常瓷土烧制出来的砖效果好,表面光亮晶莹。釉面砖与抛光砖相比色彩和图案更加丰富，但耐磨性不如抛光砖。

（2）通体砖：通体砖的表面不上釉，而且正面和反面的材质和色泽一致，因此得名。通体砖是一种耐磨砖，但是由于目前的室内设计越来越倾向于素色设计，所以通体砖也越来越成为一种时尚，被广泛使用于厅堂、过道和室外走道等装修项目的地面，一般较少会使用于墙面，而多数的防滑砖都属于通体砖。

（3）抛光砖：这种类型的砖正面和反面色泽一致，不上釉料，烧好后，表面再经过抛光处理，这样正面就很光滑，很漂亮，背面是砖的本来面目。抛光砖属于通体砖的一种。相对于通体砖的平面粗糙而言，抛光砖就要光洁多了。抛光砖性质坚硬耐磨，适合在除洗手间、厨房以外的多数室内空间中使用。

（4）玻化砖：其实就是全瓷砖。其表面光洁但又不需要抛光，玻化砖是一种强化的抛光砖，它采用高温烧制而成。质地比抛光砖更硬更耐磨。毫无疑问，它的价格也同样更高。玻化砖主要用作地面砖。

（5）钛金砖：是大胆地将"钛"这种能使金属产品更加光亮且耐腐蚀极强的金属元素引入瓷砖的设计，钛金砖耐磨方面的优势是其釉料中加入了高档进口的耐磨粒，该材料不仅使产品表面产生了闪光的金属效果，还极大提高了釉面的耐磨度（图3-3）。

2. 硅钙板

硅钙板实际上又被叫作石膏复合板，它是一种多孔材料，具有良好的隔声、隔热性能。在室内空气潮湿的情况下，它能吸引空气中水分子；空气干燥时，又能释放水分子，可以适当调节室内干、湿度、增加舒适感。当然，石膏制品又是特级防火材料，在火焰中能产生吸热反应，同时，释放出水分子阻止火势蔓延，而且不会分解产生任何有毒的、侵蚀性的、令人窒息的气体，也不会产生任何助燃物或烟气。

硅钙板与石膏板比较，在外观上保留了石膏板的美观；重量方面大大低于石膏板，强度方面远高于石膏板；彻底改变了石膏板因受潮而变形的致命弱点，数倍地延长了材料的使用寿命；在消声吸声及保温隔热等功能方面，也比石膏板有所提高。

我们经常见到的硅钙板，在外形花色上也有所不同，例如，满天星纹、立体方块纹、毛毛虫纹样等，可以根据需要进行选择（图3-4）。

3. 矿棉板

矿棉板是主要以矿渣棉为主要原料，加入适量的胶粘剂加工处理成的。表面花纹有滚花、压花、立体、满天星等，无需再作饰面处理。矿棉板有良好的吸声效果，并且有质地轻、防火保温等优点，施工方便，边上有许多企口或榫槽以便于龙骨配合，分为明架与暗架两种。明架矿棉板直接放于龙骨之上，暗架矿棉板插入龙骨之中。矿棉板吊顶多用于医院、办公、商场等。矿棉板的缺陷是容易变形下陷，发黄变色发霉，落尘不环保，使用中容易损坏。

● 图3-3 具有金属效果的瓷砖（居然之家）

● 图3-4 硅钙板吊顶

图3-5 软木板

4. 软木

软木并不是木材的一种,而是橡树的树皮,俗称栓皮。它们大都生长快,大部分生长在人造森林中,具有优良的稳定性。作为一种天然材料,软木具有保湿性和柔软性;在功能方面,它们富有弹性,具有良好的隔热性。此外,它们还是一种吸声性和耐久性均佳的材料(图3-5)。

它们的材色为暖色,从视觉上给人以温暖感外,触感也是温暖感较强的材料。作为装饰材料,它们吸水率接近于零,同时耐磨、抗污、防潮,而且自然、美观、防滑,做地板,脚感舒适,是一种理想的地面装饰材料。它们除用来制造地板外,还可以用来制造墙面装饰材料,软木贴墙板完全是天然软木的纹理,有不同的自然图案,切割容易,弯曲不裂。冷、暖兼顾的色调给人以亲切、宁静的感受,表面磨绒处理,手感十分丰富。更巧妙之处是:它们具有一种最为自然、美丽和能够感知的表面。值得注意的是:软木吸湿后,尺寸不稳定,需注意通风、清洁和保养。

软木饰材以其绿色环保、回归自然、返朴归真等诸多优势,也正在逐渐受到国人的青睐。常用于舞蹈房、卧室、录音棚等需要静音的场所。

3.1.2 颗粒状的材料

1. 陶瓷锦砖

陶瓷锦砖可算是最小巧的装饰材料,每块尺寸多为2cm×2cm到5cm×5cm之间。也正因为如此,由小尺寸陶瓷锦砖拼成的精美图案有着另一番美感,它们的组合千变万化。比如在一个平面上,可以有多种的表现方法;抽象的图案、同色系深浅跳跃或过渡,为其他装饰材料作点缀等。同时,在房间曲面转角处或圆柱上,玻璃锦砖更能发挥它小身材的特长,能够把弧面包盖得平滑完整。还可根据设计要求,将设计草图输入电脑、编排配色,制作成精美的玻璃锦砖画,设计师的创作灵感大可尽情发挥。其造型多变、花色繁多。精巧、多变、随心所欲的搭配是陶瓷锦砖这种装饰材料无与伦比的优势。

随着科技的发展,陶瓷锦砖经过现代工艺的打造,在质地上有了明显的改善,玻璃的、天然石的、瓷质的、釉面的、纯金的、金属的等应有尽有;色泽也更为绚丽多彩,品质更为晶莹坚固。陶瓷锦砖受到了广大设计师和人们的喜爱(图3-6~图3-9)。

图3-6 漂亮的陶瓷锦砖拼花

图3-7 色彩绚丽的陶瓷锦砖

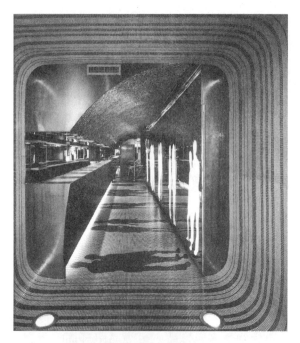

图3-8 陶瓷锦砖营造的空间效果

图3-9 鲍贝陶瓷锦砖

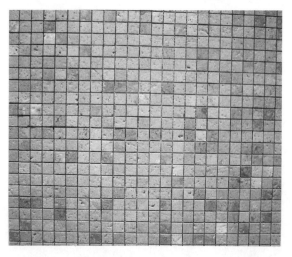

图3-10 大理石锦砖

下面介绍几种特别的锦砖种类。

(1) 陶瓷锦砖：一种工艺相对古老、传统的锦砖。根据表面工艺不同，可分为无釉和施釉两种。无釉陶瓷锦砖又叫通体陶瓷锦砖，耐磨，可惜表面粗糙、无光、吸水率较大。施釉陶瓷锦砖的釉料厚、亮度高、间隙均匀，具有防水、防潮、耐磨和容易清洁等特点，对于潮湿或长需保持卫生的空间最为适用，如厨房、卫生间等。

(2) 大理石锦砖：这是中期发展的一种锦砖，具有天然色泽，耐磨、抗腐蚀，但耐酸碱性差、防水性能不好，大理石锦砖因易含有放射性，所以没有被广泛推广，但大理石的纹理多样，装饰效果很强。根据表面处理工艺不同，可以分为抛光、亚光两种（图3-10）。

(3) 玻璃锦砖：是由天然矿物质和玻璃制成的，质量轻，是杰出的环保材料，耐酸、耐碱、耐化学腐蚀。而且玻璃锦砖一般色彩鲜艳抢眼、绚丽典雅，能立刻抓住观赏者的视觉焦点。它的零吸水率使它成为最适合卫生间等墙面装饰的理想材料，不易藏污垢，所以历久弥新。耐碱度优良且颗粒颜色均一，玻璃的色彩斑斓给玻璃锦砖带来蓬勃生机。尤其使用混色系列，混色可以变幻出更多的色彩，华丽却不媚俗。其丰富的色彩不仅在视觉上给人以冲击和美感，更赋予了空间全新的立体感，玻璃锦砖是最安全的建材。

2. 鹅卵石

鹅卵石是天然岩石经过自然界风化、水的冲击摩擦之后形成的一些椭圆形的石头。在数万年沧桑演变过程中，它们饱经浪打水冲的运动，被砾石碰撞磨擦失去了不规则的棱角。它们外形圆润可爱，色泽多样，舒适的手感使它们容易与人亲近。由于形成鹅卵石的岩石有所不同，它们的颜色、质地也不尽相同。它们大多为白色和浅黄色，有的因为含有某些矿石成分而显出特殊的红色、黑色、蓝色等；而由花岗岩形成的鹅卵石触感光滑，由砂岩形成的则摸起来稍感粗糙。

鹅卵石品质坚硬，色泽鲜明古朴，具有抗压、耐磨耐腐蚀的天然石特性，是一种理想的绿色装饰材料，常用于地面、墙面的装饰，用于反映纯朴自然的环境(图 3-11)。鹅卵石有多种规格可供选用，纯天然、未经任何加工处理的鹅卵石尺寸一般在2～15cm之间，具体大小不一。铺设 $1m^2$ 大约需要鹅卵石 25kg。鹅卵石的应用方式灵活，既可以表现自然状态即直接把鹅卵石小面积放置在需要的地方，彰显室内环境的自然气息，也可以用于大面积铺设墙面或地面使用(图 3-12)。一般先用水泥砂浆铺底，再将鹅卵石凝结在混凝土的表面。另外，在间距较小的铁网中填塞不同颜色和大小的鹅卵石，可形成一面富有层次的墙体(图 3-13)。并且在需要时，可以将其分块地填塞，形成镂空或是半遮蔽墙体，更富于变化、活泼。大块的鹅卵石还可通过砌筑壁炉的形式进行使用(图 3-14)。

3.1.3 面状类的材料

1. 壁纸

壁纸是室内装修中使用最为广泛的墙面装饰材料之一。它的图案变化繁多，色泽丰富；通过印花、

图 3-11 鹅卵石

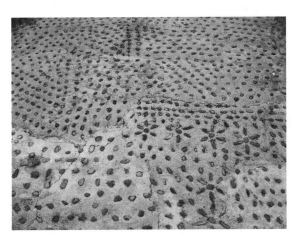

图 3-12 卵石组成的漂亮纹形铺地

图 3-13 铁网中填塞鹅卵石的墙体(同济大学)

图 3-14 鹅卵石用于装饰壁炉

压花、发泡可以仿制很多传统材料的外观，甚至可以以假乱真。而且它还具有相对不错的耐磨性、抗污染性、便于清洁等特点，可以直接用湿布擦拭。现在有些壁纸引进了高科技含量，与室内的整体融合更加紧密。壁纸的种类和质量也处在不断地变化更新之中。

下面介绍几种常见壁纸种类。

（1）纸质壁纸：这是最早出现的壁纸。纸面上可以印上图案或者压上暗花，这种壁纸透气性好，不易引起变色、鼓包等现象，而且价格便宜，但是性能差，不防水，容易断裂。

（2）织物壁纸：采用天然的棉花与纱、丝、羊毛类等为表层而制成的高级织物布面壁纸。这种壁纸装饰的环境给人以高雅柔和的感觉（图3-15、图3-16）。

（3）天然材料壁纸：采用草、麻、木材、树叶等天然材料制成的壁纸，这种壁纸给人的感觉是清新自然。

（4）金属壁纸：是以金色、银色为主要色彩，面层以铜箔仿金，铝箔仿银制成的特殊壁纸，金属箔的厚度为0.006～0.025mm，让人感觉有光亮华丽的效果。

（5）PVC塑料壁纸：这种壁纸具有花色品种齐全、耐擦洗、防止霉变、抗老化、不易退色等特点。

2. 软膜

软膜是一种新型材料，主要原料采用的是聚氯乙烯材料，它质地柔韧，色彩丰富，有超过一百种颜色的选择。可随意张拉、剪切和焊接，能配合设计师的艺术构思，制成多种平面形状和立体效果。同时它又具有防火、防菌、防水、节能、环保、抗老化、安装方便等多种卓越的特性，而且软膜非常的薄，只有0.18mm的厚度。

软膜的种类繁多，大体分为室内装饰软膜和室外张拉膜。室内装饰软膜有透光膜（灯箱膜）、反光膜（亮光膜）、亚光膜、缎光膜、鲸绒膜、冲孔膜、彩绘膜（云石膜）、磨砂膜、光纤膜、梦幻膜（紫外光源）、镜面膜等。做软膜结构比较著名的品牌是法国的巴力品牌。

3. 织物

织物是离我们生活最近的装饰材料之一。纺织品天生就具备了较其他材料更容易与人产生"对话"的条件，触觉的柔软感使人感到亲近和舒适，织物最主要的原料是纤维。纺织纤维分为天然纤维和化学纤维两种，天然纤维主要来自于动物和植物，包括棉、毛、丝。

棉织物具有保暖、耐碱、耐摩擦等性质，有较好的皮肤触及感，弱点是不耐酸，易皱。丝织物具有很好的光泽度，手感柔软，是较高档的面料。毛织物以羊毛为主要原料，具有优良的伸缩性和保温性，具有柔软的手感和较好的耐酸性，但其也有不耐碱、易受虫蛀和易变黄的弱点（图3-17、图3-18）。

● 图3-15　织物壁纸

● 图3-16　壁纸在空间中的效果

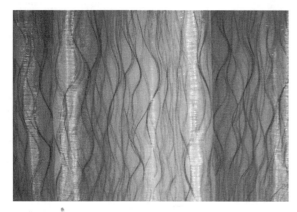

● 图 3-17　丝织物

● 图 3-18　绒织物

4. 地毯

地毯是一种地面装饰材料，地毯具有良好的抑制噪声的功能，还有温暖、有弹性、脚感舒适、防滑防潮等优点，特殊的质地和色泽可以给地面带来不同的效果，可以根据需要选择满铺或者作为局部装饰。地毯的种类很多，其中绒毛较短的耐久性要好一些（图 3-19）。

质地不同的地毯有以下几种。

（1）纯毛地毯：它的主要原料是粗绵羊毛或驼毛。纯毛地毯的手感柔和，拉力大，弹性好，图案优美，阻燃而且防静电。但是大多数的纯毛地毯比较昂贵，容易遭虫蛀，一般作为高档地面装饰材料。

（2）草编地毯：多以草、玉米皮等材料漂白编织而成，凉爽，价格低廉，效果自然随意，具乡土气息，但是易燃，不耐磨，易遭虫蛀，容易堆积灰尘。

（3）化纤地毯：它的主要原料是合成纤维，包括晴纶，涤纶，锦纶等。用簇绒法或者机织法加工，再与作为底料的麻布缝合而成的地毯。它的质地和视觉效果都近似于羊毛，鲜艳的色彩，丰富的图案都不亚于纯毛地毯。而且具有耐磨、富有弹性、防燃、防污、防虫蛀等特点，清洗维护都很方便。

（4）混纺地毯：这种地毯是指在纯毛纤维中加入一定比例的化学纤维而制成。这种地毯在图案、质地、手感等方面与纯毛地毯差别不大，但却克服了纯毛地毯不耐虫蛀、易腐蚀的缺点，而且耐磨性也得到了显著的改善，还降低了成本。这种地毯适用于人流较大磨损严重的地方。

编织不同的地毯有以下几种。

（1）簇绒地毯：又被叫作栽绒地毯。就是利用织机把绒线直接缠绕在衬底材料上，并用厚厚的乳胶将纤维固定。包括圈绒地毯、平绒地毯、平绒、圈绒结合地毯。簇绒地毯价格低于编制地毯。簇绒地毯织出的毛圈绒头不割开，叫作圈绒地毯，结实耐用，耐倒伏，适用于频繁通行的场所；将簇绒地毯的毛圈顶部切割开，并经行修剪，叫作平绒地毯，也称割绒地毯；也可以平、圈绒结合使用。通过控制毛圈、绒头的高低变化还可以产生立体效果（图 3-20）。

（2）无纺地毯：就是无经纬编织的短毛地毯，又被叫作针刺地毯。这种地毯工艺简单，成本低廉，表面相当耐磨，但弹性比较差。

（3）编织地毯：就是将表面绒线和衬底编织在一起的地毯，质地厚实耐磨、柔软舒适，外形稳定，包括手工编织和机器编制两种。

规格尺寸不同的地毯有以下几种。

（1）块状地毯：就是裁切成小块的地毯，形状多样，常见的有正方、长方、圆、椭圆等形状。块状地毯大都图案色彩鲜明，一般直接铺于地面使用，很少固定。

（2）卷材地毯：就是整幅的成卷地毯，幅宽在

● 图 3-19　满铺地毯的室内效果

● 图 3-20　地毯售卖样品（居然之家）

1~4m 之间，长度 20~25m 不等，通常整卷或按码出售，使用时可以根据需要裁切。适用于大型空间满铺使用，通常固定于地面，损坏后不容易更换。

5. 玻璃纤维壁布

玻璃纤维壁布是由天然原料，在高温下拉成纤维，纺成各种规格与强度的玻璃纱，最后制成特殊的装饰布。由于它的纤维直径粗，所以不会产生飘尘，因此对人体健康不会产生不良影响。

玻璃纤维壁布花样繁多，具有立体感，不老化，能防火、防潮、防静电并具有良好的吸声效果。它还可以根据需要多次被涂饰涂料，并可用洗涤剂进行冲洗。它可用于几乎所有表面平滑的墙壁上，除最普通的砖墙、水泥墙和石膏板墙表面外，还可用于木质、陶瓷、塑料、金属以及其他众多光滑的材料表面。另外，玻璃纤维壁布还具有特殊的加固墙壁的功能，通过玻璃纤维的作用，可使墙壁上细小的裂缝不至于扩大。较为知名的有阿尔福特、海吉布等品牌。

6. 塑胶地板

塑胶地板具有舒适的脚感和良好的防滑性能，美观更安全。到今天为止，已有相当多的医院、健身房、办公场所，正在使用这种新型环保、吸声的弹性地材产品。塑胶地板分为同质透心卷材、复合卷材，具有良好的吸收和降低噪声功能。它有多种标准色可供选择，更可订制颜色，并能够拼接各种图案，施工方便，易清洁，易保养，耐磨性好，寿命持久，而且环保无甲醛放射。它比其他地面材料更适合于旧房的改造翻新，可将其直接铺在原有地板上。

3.1.4 条形板类

1. 木质吸声板

木质吸声板不但能降低噪声，而且能使混响时间达到国家声学设计标准。使音质更加丰满、清晰，富有立体感，还具有很强的装饰效果。基面采用密度板、饰面采用天然木皮，底面采用防火吸声布。基面油漆采用防火清漆，是理想的环保新型装饰材料。它既具有木材本身的装饰效果，又具有良好的吸声性能，有各种颜色、各种样式供选择。

木质吸声板是根据声学的原理精致加工而成的，并且是由饰面、芯材和吸声薄毡组成。具有材质轻、不变形、强度高、造型美观、立体感强、组装简便、环保效果好等特点，并且有出色的降噪吸声性能，对中、高频吸声效果尤佳。

木质吸声板分为槽木吸声板和孔木吸声板两种，槽木吸声板是一种在密度板的正面开槽、背面穿孔的吸声材料；孔木吸声板是一种在密度板的正面、背面都开圆孔的吸声材料。两种吸声板都常用于墙面或顶棚装饰（图 3-21）。

2. 实木地板

木材因其色泽柔和、纹理丰富，给地面带来浓浓的暖意。它除了具有观赏性外还是室内铺地最实用的材料之一，适用于公共场所中高档或较为私密的空间中，如今木材仍保持了其几个世纪以来室内铺地材料首选物的地位。

实木地板多为实心硬木制成，它脚感舒适，保暖性好，外观自然，但实木地板容易受到温度和湿度的变化膨胀或变形，而且并不抗磨。实木地板包括条木地板和拼花木地板，还包括通过指接方法制成的集成地板。条木地板可以彰显房间的纵深感，拼花木地板可以在地面拼出不同的图案。

条形木地板外形为长方形，在纵向和横向的侧面都有企口或错口，背面还加工有抗变形槽。常用宽度为50～150mm，厚度为20～40mm。

拼花木地板是运用较短的小木条通过不同方向和色彩组合来镶拼成各种图案和花纹的单元形，形状呈方形。图案有席纹、菱纹、阶梯纹、斜纹等多种。面层都采用硬质木材，下层为毛板层。

3. 复合地板

复合木地板包括强化复合木地板和实木复合地板两种。强化木地板是用中、高密度板为基材，由表面的耐磨保护层，装饰层和防潮底层经高温叠压制成的。坚硬耐磨、防潮、抗静电、防蛀，而且铺装简易，有丰富多彩的花色可供选择，经过处理的复合地板还可以用于地热的采暖方式，可以直接浮铺于地面，每边都有榫和槽，利于拆卸与再安装。

实木复合地板，多是用三层实木压合而成的，也有以多层胶合板为基层的多层实木复合地板，表面采用花纹和色泽都很好的硬木面层，中间层和底层采用软杂木，三层板垂直交错热压成形，以提高平整度和尺寸稳定性，而且有启口槽，有实木地板的外形特点，透气性和脚感要好于强化复合木地板。

4. 桑拿板

桑拿板是用于桑拿房的专用木板，一般是选材于进口松木类和南洋硬木，经过防水、防腐等的特殊处理制作成的，不仅保持了天然木材的优良性能，而且不怕水泡，更不必担心会发霉、腐烂。桑拿板两片之间以插接式连接，易于安装、拆卸，方便清洗。桑拿板也有缺点，它的木质一般较软，长时间

● 图3-21　木质吸声板样块

● 图3-22　桑拿板装饰的浴室一角

使用会变形，所以桑拿板更适合做饰面材料，并不适合做家具。桑拿板的长度分三米板和六米板，部分木质的也有四米板，宽度分为130mm、150mm，厚度分为8mm、12mm、15mm（图3-22）。

5. 木线

木线条是选用质硬、木质较细、耐磨、耐腐蚀、不劈裂、截面光滑、上色性能良好、粘结性好、固钉力强的木材，经过干燥处理后，用机械加工或手工加工而成，木线条可以油漆，可以进行对接和拼接，并且可以弯曲成各种弧线。

木线条的种类很多，从材质上分有：硬质杂木线、进口洋杂木线、白木线、水曲柳木线、山樟木木线、核桃木木线、柚木线、榉木线等；从功能上分有压边线、柱脚线、压脚线、墙角线、墙腰线、上楣线、封边线、镜框线等。从外形上分有半圆形、直角线、斜角线、指甲线；从款式上分有外凸式、内凹式、凹凸结合式、嵌槽式等。各种木线的常用长度为2~5m。

6. 石膏线

石膏线是以石膏为凝结材料，以玻璃纤维为筋面制成的具有装饰性的线条。石膏线条具有防火、阻燃、不变形的特性，并可钉，可锯，可粘，可修补。石膏线常用作顶棚边角，吊顶的造型装饰（图3-23）。

图3-23　石膏线售卖样条（百安居）

7. 木龙骨

木龙骨材料是木材通过加工而成的截面为方形或长方形条状材料，是室内装饰工程的骨架材料，用于顶棚、隔墙、棚架、造型、家具的骨架，起固定、支持和承重的作用。木龙骨材料来源：用原木开料，加工成所需规格木条；用普通锯材（厚板）再加工成所需规格木方；市场上有售已开好成规格的木方（图3-24）。

3.1.5　线形类的材料

1. 钢丝绳

钢丝绳是由多层细钢丝捻成股，再以绳芯为中心，由一定数量的股再捻绕成螺旋状的绳。钢丝绳多半用于提升、牵引、拉紧和承载。钢丝绳的强度高、自重轻、不易骤然整根折断。

钢丝绳按拧绕的层次可分为单绕绳、双绕绳和三绕绳。单绕绳是由若干细钢丝围绕一根金属芯拧制而成，挠性差，反复弯曲时容易磨损折断，主要用作不运动的拉紧索；双绕绳是由钢丝拧成股后再由股围绕绳芯拧成绳。常用的绳芯为麻芯、石棉芯或软钢丝拧成的金属芯。双绕绳挠性较好，制造简便，应用最广。

钢丝绳的截面除了圆股外，还有三角股、椭圆股和扁股等异形股。与圆股钢丝绳的相比，它们有较高的强度，使用寿命长，但制造较复杂。

2. 珠帘

珠帘是起装饰和遮挡的作用的材料，珠帘的珠子有很多种：圆珠、扁珠、方珠、造型珠等。这些珠子串在一起，就变成了一幅幅漂亮的珠帘。珠帘的颜色也艳丽多样，可以根据需要来选择和搭配。

珠帘运用时的尺寸也必须与珠帘材料相协调，例如，如果要做玄关的珠帘，一般要求做1.8~2m，这种长度就尽量不要选择珠子太大太重的款式，那样会增加每根珠链的重量，珠帘容易断线；而在需要经常出入处的珠帘要尽量设计得短一些，可以选择一些漂亮而有颜色的吊坠，那样既美观又实用。因为经常出入，总要拨动珠帘，既麻烦，又很容易扯断珠链，建议尽量设计为半帘或没有吊坠下摆参差不齐的款式（图3-25）。

3.1.6　规格类的板材

1. 细木工板

细木工板又叫作大芯板，是将原木切割成条，拼接成芯，表面贴上面材加工而成。它是室内装修中墙体、顶部和细部装修必不可少的木材制品，主要用做家具的面板、门扇窗框的龙骨框架。大芯板内芯的材质有许多种，如杨木、桦木、松木、泡桐

图 3-24 木龙骨售卖堆料

图 3-25 玻璃珠帘（葡萄牙世界博览会场馆）

等，其中以杨木、桦木为最好，其质地密实，木质不软不硬，持钉力强，不易变形。

大芯板防水防潮性能优于刨花板和中密度板。由于表面露出的木纹不美观，很少直接刷漆，通常要贴饰面板。大芯板厚度为 18mm，越重的大芯板，其质量越不好。重量越大，越表明这种板材使用了杂木。

挑选大芯板一是看外表：大芯板的一面必须是一整张木板，另一面只允许有一道拼缝。大芯板的表面必须干燥、光净。另外，在挑选时看它的内部木材，不宜过碎，以木材之间缝隙在 3mm 左右的细木工板为宜，不能超过 5mm，不能使用带有树皮、蛀孔和死结的木材。质量较好的大芯板，其中的小木条之间，都有锯齿形的榫口相衔接。在使用中，大芯板只能顺长边"顺开"，不能横着锯开使用。

2. 集成板

集成板是利用短小木材通过指榫接长，拼宽合成的大幅面厚板材。它一般采用优质木材（目前较多的是用杉木，所以俗称杉木板）作为基材，经过高温脱脂干燥、指接、拼板、砂光等工艺制作而成。它克服了有些板材使用大量胶水、粘接的工艺特性。同时也是室内装修最环保的装饰板材之一（图 3-26）。

它有如下一些特性：

（1）环保性：集成板材料是全优质木材，主要工艺是干燥、指接，用胶量仅为细木工板的 70%；

（2）美观性：集成板是天然板材，木纹清晰，自然大方，有回归大自然的自然朴实感；

（3）稳定性：集成板经过高温脱脂处理，再经榫接拼成；经久耐用，不生虫、不变形；

（4）经济性：集成板表面经过砂光定厚处理，平整光滑，制作家居、家具时表面无须再贴面板，省工省料，经济实惠；

（5）实用性：集成板规格厚度有多种，制作家具时可分开使用厚度。

3. 密度板

密度板就是用木材加工的边角料和锯末等用胶热压而成，依里边锯末的多少和压实程度又分高密度板、中密度板。

高密度板主要用于家具如衣柜类柜体的制作，橱柜柜体多用中密度板或刨花板，但相比之下，密度板的握钉力较刨花板差，螺钉旋紧后如果发生松动，由于密度板的强度不高，很难再固定。很多品牌家具采用的高密度板，较环保，成本也较高，强

图 3-26　集成板

度大，不易变形，较差的家具采用的多是中密度板或低密度板。在国外，密度板是制作家具的一种良好材料，但由于我国关于高度板的标准比国际的标准低数倍，所以，密度板在我国的使用质量还有待提高。

4. 胶合板

胶合板也称多层板，由三层或多层 1mm 厚的单板或薄板胶贴热压制而成，是目前手工制作家具最为常用的材料。夹板一般分为 3 厘板、5 厘板、9 厘板、12 厘板、15 厘板和 18 厘板六种规格（1 厘即厚度为 1mm）。最外层的正面单板称为面板，反面的称为背板，内层板称为芯板。

一类胶合板为耐气候、耐沸水胶合板，由此及彼有耐久、耐高温、能蒸汽处理的优点；二类胶合板为耐水胶合板，能在冷水中浸渍和短时间在热水中浸渍；三类胶合板为耐潮胶合板，能在冷水中短时间浸渍，适于在室内常温下使用；四类胶合板为不耐潮胶合板，在室内常态下使用，一般用途胶合板用材有榉木、椴木、水曲柳、桦木、榆木、杨木等。

5. 饰面板

饰面板全称为装饰单板贴面胶合板，它是将天然木材刨切成一定厚度的薄片，粘附于胶合板表面，然后热压而成的一种用于室内装修或家具制造的表面材料。常见的饰面板分为天然木质单板饰面板和人造薄木饰面板。人造薄木贴面与天然木质单板贴面的外观区别在于前者的纹理基本为通直纹理或图案有规则；而后者为天然木质花纹，纹理图案自然，变异性比较大，无规则。它的特点是：既具有了木材的优美花纹，又达到了充分利用木材资源，降低了成本。

6. 石膏板

石膏板是以建筑石膏为主要原料制成的一种材料。它是一种重量轻、强度较高、厚度较薄、加工方便、隔声绝热和防火等性能较好的建筑材料，是当前着重发展的新型轻质板材之一。石膏板是我们常见的吊顶和墙面的造型材料，是以熟石膏为主要原料渗入适量添加剂与纤维制成的，具有质轻、绝热、吸声、不燃和可锯、可钉的性能。石膏板与轻钢龙骨的结合，便构成轻钢龙骨石膏板体系。

石膏板在成型后附以上层纸面，经过凝固、切

图 3-27　石膏板售卖场

图 3-28　纤维板样块

断、烘干而成。上层纸面经特殊处理后，可以制成防火或防水纸面石膏板，另外石膏板芯材内也有防火或防水成分，防水纸面石膏板不需再做抹灰饰面，但不适用于在雨篷，檐口板或其他高湿位置。石膏板的厚度规格基本为三种：9.5mm、12mm、15mm。作为普通吊顶使用的话，9.5mm 厚度的品牌产品完全适用，如果制作隔断墙，就要使用厚度 12mm 以上的石膏板(图 3-27)。

7. 防火板

防火板是将多层纸材浸于碳酸树脂溶液中，经烘干，再以高温加压制成。表面的保护膜处理使其具有防火防热功效，且有防尘、耐磨、耐酸碱、耐冲撞、防水、易保养、多种花色及质感等性能，是目前较常用的一种材料。防火板的厚度一般为 0.8mm、1mm 和 1.2mm。

防火板可挑选的颜色材质繁多，但价格相对较贵，并且工艺上需收边处理。

8. 硬质纤维板

硬质纤维板是利用木材加工后剩余物和小径材及棉花杆为主要原料，经切片、纤维分离、成型、热压等工序制成的一种人造板，具有幅面大、变形小、质地均匀、强度高、表面平整光洁、环保等优点(图 3-28)。

3.2 从状态上认识材料

以下的一些材料如果以外形上分就不太容易了，它们不太规矩，若通过状态上分就较为容易认识和记住它们的特征，这类材料的可塑性较强，容易创作很有特征的建筑与室内外空间环境。

3.2.1 模数类的材料

1. 黏土砖

黏土砖由普通的黏土制成一定形状，风干后，经过炉窑高温焙烧而成。普通黏土砖为长方体，其标准尺为 240mm×115mm×53mm，它有的呈红色，有的呈青色，其中，中间空的就是空心黏土砖。黏土砖就地取材，价格便宜，经久耐用，还有防火、隔热、隔声、吸潮等优点，在土木建筑工程中使用广泛(图 3-29)，是最易得和最廉价的材料之一。但是，目前国家为保护耕地，限制使用黏土砖及空心黏土砖。为改进普通黏土砖块小、自重大、耗土多的缺点，正向轻质、高强度、空心、大块的方向发展。

图 3-29　黏土砖堆料

图 3-30　黏土砖有趣的砌筑

图 3-31　黏土砖复杂的砌筑花样

高差,在其下打上灯光,便形成很有意思的光影感。并且在现代室内环境中不断更新其材质和表现特性、砌筑方法,开发其新的肌理,使它发挥更大的潜力(图3-32~图3-34)。

2. 加气混凝土砖

加气混凝土是将70%左右的粉煤灰与定量的水泥,生石灰胶结料、铝粉、石膏等按配比混合均匀,加入定量水,经搅拌成浆后注入模具成型,经固化后切割成坯体,再经高温蒸压养护固化而成的,是一种轻质的建筑材料(图3-35)。它具有保温、隔热、可锯、切、钉、钻等特点。剖开加气混凝土制品从切面上看,加气混凝土制品是由许许多多个大小不等的气孔和气孔壁组成的结合体。它具有较强的可塑性,硬度较高,能抵抗一定程度的硬物冲击,防水、防火性能较好,价格相对低廉,浅灰色的表面小有孔洞。加气混凝土砖也被叫作加气混凝土砌块。它是可以漂在水面上的石头,有人叫它为浮石。中间的气孔,使得这种材料变得很轻,也使得这种材料能够阻挡声音,最主要的是,它是用混凝土做成的,具有很高的强度。

基于它的良好特性,被广泛作为了建筑物的墙体材料。加气混凝土的资源利用率较高,$1m^3$原材料可生产$5m^3$的产品,在为人类生存环境作出贡献的同时,也为它的生产者提供了广阔的利润空间。加气混凝土具有能耗低(包括生产能耗、运输能耗和使用能耗),可大量利用粉煤灰、尾矿砂和脱硫石膏等工业废弃物,符合发展循环经济战略。

3. 玻璃空心砖

玻璃空心砖由两块凹形玻璃相对熔接或者胶结而成的,中间空腔内,充有干燥的空气。它的外观有正方形、矩形和各种异形。它可以是平光的,也可以是内或外铸有花纹,由于凹凸可以使光线产生漫射,所以能防止透视或防止产生眩光。由于是合模数制成的材料,玻璃空心砖也可以像砖块那样用灰浆砌筑,多用来砌筑非承重墙、透光隔墙,根据需要还可以砌筑呈曲线的墙体。

玻璃空心砖是一种室内外均可施工的墙体装饰

● 图3-32 悬挂的空心黏土砖隔断

● 图3-33 普通的黏土砖砌筑形式

● 图3-34 旧砖墙表面涂刷一层涂料后的效果

黏土砖虽然是一种普通建筑材料,但在当代建筑师心目中仍然把它看作一种富于自然品格和表现力很强的材料(图3-30、图3-31)。现在它将可以作为一种装饰材料和特殊的建筑立面进行小范围使用。可以将黏土砖加工成其他各种形状,以一个单一形为母体复制,然后在墙面上做拼接,各个砖块要有

图 3-35　加气混凝土砖堆料

材料，是一种用两块玻璃经高温高压铸成的四周密闭的空心砖块。玻璃砖以砌筑局部墙面为主，最大的特色是提供自然采光而兼能维护私密性，它本身既可承重，又有较强的装饰作用，具有隔声、隔热、抗压、耐磨、防火、保温、透光不透视线等众多优点（图 3-36）。玻璃砖晶莹剔透，不含有毒原料，可自由组合图案、色泽丰富、便于清洗。玻璃砖施工便利，玻璃砖为低穿透的隔声体，可有效地阻绝噪声的干扰。玻璃内近似真空状态，可使玻璃砖具有比双层玻璃更佳的绝热效果，成为节约能源的最佳材料。玻璃砖与平板玻璃不同，它可以透过光线，但不透过外部的景象，由于属于箱形结构，所以能够形成较高的强度。由于玻璃砖采用的是砌造的方法，自身稳定性较差，必须在一定尺度之内增加稳固框架，才能保证整个墙体的稳定性（图 3-37）。

3.2.2　透明类的材料

1. 普通的玻璃

玻璃是一种透明性极好的人工材料，而且具有良好的防水、防酸和防碱性能。玻璃具有高度的可塑性和延展性，通过加热或熔化可以被吹大、拉长、扭曲、挤压或浇注成各种不同的形状。冷玻璃可以切割成片来进行粘合、拼接和着色。玻璃具有极佳的隔离效果，同时又能营造出一种视觉的穿透感，从而无形中将空间变大，在一些采光不佳的空间中利用玻璃墙面就能达到良好的采光效果。玻璃已经成为设计师们不可缺少的建筑装饰材料，其性能特点也在特定环境中被发挥得淋漓尽致，为空间带来了前所未有的开放观念。目前，玻璃已经由单一的采光功能向多功能方向发展，通过某些辅助性材料的加入，或经特殊工艺的处理，可制成特殊性能的新型玻璃，通过雕刻、磨毛、着色及注意纹理等方

图 3-36　玻璃空心砖能阻隔视线

图 3-37　玻璃空心砖在现代建筑中的应用（"水立方"）

法还可以提高它的装饰性，兼具装饰性和使用性的玻璃品种不断出现。

玻璃根据厚度可以分为普通玻璃和厚玻璃板两种。普通玻璃板是一般小型窗户所采用的薄玻璃板，大量用于建筑采光，镜框玻璃厚度多为2～3mm，最大为1800～2200mm。厚玻璃板是大型门窗、橱窗、顶棚、隔墙和家具所采用的玻璃，厚度为5～15mm。

2. 安全的玻璃

（1）钢化玻璃：它的强度比较高，抗冲击，弹性好，急冷急热也不易炸裂，破碎时会形成没有尖锐棱角的小块，不易伤人。常用来制作建筑的门窗、护栏、隔断及家具等，但不能切割、磨削、边角不能碰击扳压，只能按设计尺寸加工订制。

（2）夹丝玻璃：它是将不同组织的金属丝网夹置在玻璃的中心，用来增加普通玻璃强度，在玻璃遭受冲击或温度剧变时，破而不缺，裂而不散，而且能够避免有棱角的小块飞出伤人，还能起到隔绝火势的作用。

（3）夹胶玻璃：是由两层或多层平直玻璃（或热弯玻璃）之间夹以PVB薄膜，经过高压制成的高级安全玻璃，具有透明、机械强度高、防紫外线、隔热、隔声、防弹、防暴等特性。当玻璃受到冲击破碎时，碎片被PVB粘住，不易伤人，只是形成辐射状裂纹，保持原来的形状和可见度，在一定的时间内可继续使用。夹胶玻璃，又称防弹玻璃，广泛适用于高楼大厦、幕墙、顶棚、银行、珠宝店、学校及别墅等安全性要求高的场所。夹胶玻璃集安全、采光于一体，清新高雅。

3. 表面加工的玻璃

（1）磨砂玻璃：又被叫作毛片玻璃，是利用机械喷砂、手工研磨等方法将普通的玻璃板表面（可以是单面，也可以是双面）处理成均匀的毛面或是某种图案。由于它的表面粗糙，会使透过的光线产生漫射，透光但不透视，既保持了私密性，又可以使室内光线柔和不刺眼。但是这种玻璃的缺点也很明显，表面的一些细微的凹痕容易滞留一些脏的和油性物质，很难清洁。这种玻璃多用于办公空间、医院、卫生间的门窗、隔断等处，以及灯具玻璃的制造（图3-38）。

图3-38 磨砂玻璃装饰的建筑物入口

（2）压花玻璃：又被叫作花纹玻璃或滚花玻璃，是将熔融的玻璃在冷却前，将玻璃的一面或者两面压出深浅不一的花纹。其花纹具有装饰效果，表面的凹凸不平还会使透过的形象受到歪曲而模糊不清，利于形成私密性的环境要求。压花玻璃厚度为2～5mm，适于作浴室等私密空间的窗户使用。

（3）叠烧玻璃：是一种手工烧制的玻璃，既是装修材料又是工艺品的美感，其纹路自然、纯朴，能体现出玻璃凹凸有致的浮雕感，有着奇妙的艺术效果。

4. 渗入特殊成分的玻璃

（1）彩色玻璃：彩色玻璃分为透明和不透明两种，其中最普遍的色彩为茶色、墨绿、浅蓝等，也有其他色彩。中世纪哥特建筑中的彩色玻璃就是一部光与影的梦幻曲（图3-39）。

（2）吸热玻璃：具有防阳光热能和光线辐射的功能，又能保持良好的透光性。吸热玻璃通过加入着色剂或喷涂有色薄膜制成，有多种颜色，如灰色、茶色、蓝色、绿色、红色、金色等，隔热，防眩光，多用于建筑门窗和幕墙。

（3）调光玻璃：现代化办公与生活环境越来越需要具有开放性和隐蔽性的双重功能的空间，调光玻璃能够使一个开放的空间立刻消失于无形，也可以让隐蔽的场景瞬间浮现眼前，而这一变化只需按一下开关即可在1/1000秒内实现。调光玻璃利用了液

● 图3-39 教堂中的彩色玻璃

● 图3-40 镜面玻璃有扩大浴室空间的视觉效果

晶的电致透射、散射现象，使得这种玻璃具备了通电透明、断电透光不透明（磨砂）的效果。

5. 带有覆层的玻璃

（1）镀膜玻璃：具有较高热反射能力而又保持良好透光性能的平板玻璃，又称为热反射玻璃。遮光隔热性能良好，不仅可以节省空调能源，还有良好的装饰效果。这种玻璃多用于建筑的门窗和幕墙，迎光面具有镜子的特征，背光面犹如普通玻璃般透明，可以对室内起到遮蔽作用。但有时大量运用容易造成光污染。

（2）中空玻璃：也就是我们平时说的隔热玻璃，由两层或两层以上的平板玻璃组成，四周密封，中间为干燥的空气层或真空。中空玻璃的应用能改善室内的隔热和隔声效果，且不宜结露。

（3）镜面玻璃：就是指镜子。镜子可以反射景物，起到扩大室内空间的效果。用镜子将对面墙上的景物反映过来，或者利用镜子造成多次的景物重叠所构成的画面，既能扩大空间，又能给人提供新鲜的视觉印象，若两面镜子面对面相互成像，则视觉效果更加奇特（图3-40～图3-42）。

6. PC阳光板

阳光板学名为聚碳酸酯板，它是一种新型的屋面材料。阳光板是以高性能的工程塑料——聚碳酸酯（PC）树脂加工而成，具有透明度高、质轻、抗冲击、隔声、隔热、难燃、抗老化等特点，是一种综合性能极其卓越、节能环保型塑料板材，是目前国际上普遍采用的塑料建筑材料。它广泛应用于工业厂房、停车棚、通道采光、商厦采光天幕、展览采光、体育场馆、游泳池，以及电话亭、书报亭、车站

● 图3-41 磨边镜面玻璃增添了楼梯间的动感

● 图 3-42　镜面茶色玻璃带来空间的错觉

等公用设施。

阳光板的柔性和可塑性使之成为安装拱顶和其他曲面的理想材料，其弯曲的半径可能达到板材厚度的175倍。PC阳光板具有良好的化学抗腐性，在室温下能耐各种有机酸、无机酸、弱酸、植物油、中性盐溶液、脂肪族烃及酒精的侵蚀。PC阳光板在可见光和近红外线光谱内有最高透光率，抗紫外线，防老化，视颜色不同，透光率可达12%~88%。阳光板最突出的特点，是能避免对人造成伤害，对安全有极大保障。PC阳光板质量轻，是相同玻璃的1/12~1/15，安全不易破碎，易于搬运、安装，可降低建筑物的自重，简化结构设计，节约安装费用（图3-43）。

7. 亚克力板

亚克力板具有较高的透明度，不受厚度影响，有"塑胶水晶"之美誉。透光率达到92%，比玻璃的透光度高。有机玻璃色彩多样，具有良好的表面硬度和光泽；重量轻，同样大小的材料只有普通玻璃的一半重量；易加工，不但可以用机床进行切削钻孔，而且可以用丙酮、氯仿等粘结成各种形状的器具，也能用吹塑、注射、挤出等塑料成型方法加工各种制品。有机玻璃的缺点是硬度不如钢铁、陶瓷、硅玻璃等无机产品，抗冲击能力较差，吸水率及热膨胀等系数较大。

耐久性：产品对内置光源具有良好的保护，延长光源产品使用寿命。

透光性：高达93%，透光极佳、光线柔和、璀璨夺目。

耐燃性：不自燃并具自熄性。

耐冲击性：是玻璃产品的200倍，几乎没有断裂的危险。

亚克力板按透光度又可分为纯透明板、着色透明板、半透明板（如彩色板）；按表面光泽，则可分为高光板，丝光板和消光板（也称磨砂板）；按照性能，亚克力板还可分为普通板、抗冲板、抗紫外线板及高耐磨板等。

在室内装饰领域，亚克力板被用来作为墙体装饰时，其色彩的多样化以及反射出的特殊光影效果，可以使室内产生富丽堂皇的感觉。作为空间的分割，有机玻璃的通透感可以起到扩大视觉空间的效果，使空间极具现代感。亚克力板可以通过注塑手段制作多种造型，其间还可以添加多种有形物体增加趣味性。

图 3-43　阳光板用于顶棚装饰（广东人民菜馆）

3.2.3　凝结类的材料

1. 混凝土

混凝土是当代最重要的建筑材料之一，是一种以水泥、细砂和碎石为材料所制成的人造石材。一般皆以一份水泥对两份细砂和四份碎石为搅拌标准，灌注时以水泥稠浆注入模板经硬化而成。施工后的养护也是不可忽视的一环。过快的干燥、过度的温差、过量的通风以及震动等外力的施加等后期因素，都会对混凝土的质量产生负面影响。

混凝土是一种流动状的材料，可以很容易地塑造出所需的各种形状。因此，除普通的直线造型之外，混凝土材料对于复杂的形状也能有很好的适应性，可以灵活地应用于曲线或特殊形体的塑造。在材料表现方面，混凝土表现的重点在于表层的质感，混凝土材料在色彩和质感上不带有任何文化或艺术的倾向，曾被现代建筑定义为粗野风格的无涂装的混凝土造型，在日本已很难让人有粗野的感受，更显示出像木材一样细腻的纹理。

在混凝土的质感表现中，对混凝土进行特殊处理或在混凝土表面加入金属或其他表现材料也可以

创造出独特的表面效果。黑川纪章建筑都市设计事务所设计的久慈市文化会馆的外墙就是利用金属进行表面材质设计的成功实例。

2. 石膏

石膏的主要原料是天然二水石膏，就是生石膏。生产石膏的主要工序是加热与磨细。由于加热温度和方式不同，可生产出不同性质的石膏。建筑材料使用最多的石膏品种是建筑石膏，其次是模型石膏，此外，还有高强度石膏、无水石膏水泥和地板石膏（图3-44）。

图 3-44　墙面凸出的石膏装饰物

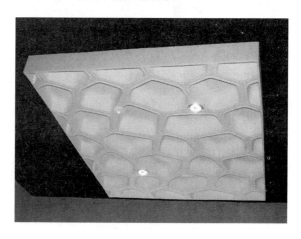

图 3-45　用 G. R. G 材料加工成的装饰吊顶样板

(1) 建筑石膏：是将原料在高温下煅烧成熟石膏，再经磨细而成的白色粉状物。建筑石膏硬化后具有很好的绝热吸声性能和较好的防火性能、吸湿性能；颜色也非常洁白，可以用于室内粉刷施工，以及制作各种石膏板，石膏线等石膏制品。如果加入颜料可使石膏制品具有各种色彩。但是建筑石膏不宜用于室外工程和65℃以上的高温工程。

(2) 模型石膏：是通过煅烧二水石膏生成的熟石膏制成的，它区别于其他石膏的特点是它所含的杂质含量少，比较白，粉磨较细。模型石膏比建筑石膏凝结快，强度高。主要用于制作模型、雕塑、装饰花饰等。

(3) 高强度石膏：硬化后具有较高的密实度和强度。高强度石膏适用于强度要求高的抹灰工程、装饰制品和石膏板。掺入防水剂后，它的制成品可以用于湿度较高的环境中，也可以配成胶粘剂使用。

(4) 无水石膏水泥：是将原料石膏完全脱去水分，成为不溶性硬石膏，然后与适量激发剂混合磨细的石膏。无水石膏水泥适宜于室内使用，主要用以制作石膏板或其他制品，也可用作室内抹灰。

(5) 地板石膏：是硬化后有较高的强度和耐磨性的石膏，抗水性也好，所以主要用作石膏地板，用于室内地面装饰。

3. G.R.G

G.R.G产品是一种绿色环保型材料。它是一种以改良后的石膏为基材制成的预铸式玻璃纤维增强石膏制品。G.R.G不含任何有害元素，而且这种材料的造型能力很强，可制成各种平面板、各种功能型产品和各种自由形的艺术造型，是目前国际建筑装饰材料界最流行的更新换代产品。此外G.R.G材料的防水抗潮性能良好，而且还能防火，属于A-级防火材料，当火灾发生时，它除了能阻燃外，本身还可以释放相当于自身重量10%～15%的水分，可大幅度降低着火面温度，降低火灾的损失。在声学效果方面，G.R.G也符合专业声学反射的要求，经过良好的造型设计，可以构成良好的吸声结构，达到隔声、吸声的作用。

选择G.R.G作为材料的工期非常短，G.R.G产品脱膜时间仅需30分钟，干燥时间仅需6个小时。因此能大大缩短施工周期。而且它的施工便捷，G.R.G可根据设计师的设计，任意造型，可大块生产、分割。现场加工性能好，安装迅速、灵活，可进行大面积无缝密拼，形成完整造型。特别是对洞口、弧形、转角等细微之处，可以确保没有任何误差（图3-45）。

4. 水泥

水泥是一种良好的粉状凝胶性的材料。加水搅拌后，经过一系列的反应，可从液态的水泥浆变成坚硬的石状物质，并可以把砂石等的散粒状的材料

● 图3-46 水泥表面处理后的墙面肌理（局部）

● 图3-47 用水泥装饰后形成朴素的建筑立面效果

胶结成一个整体，可以通过模具自由地塑形。水泥既能够在干燥的空气中硬化，也能在潮湿的环境中甚至在水中硬化。目前在建筑工程中运用最多的是硅酸盐水泥，这种水泥的价钱比较低，并具有高度的可塑性和高强度。

白水泥和彩色水泥被广泛应用于建筑装饰工程当中，我们常常称它们为装饰水泥，一般用作饰面刷浆或者铺贴石材，陶瓷墙、地砖的勾缝处理，以及水磨石、水刷石的制作。

水泥在建筑工程中大多是作为砂浆和混凝土的主要材料。碎石和砂子作为骨料，与水泥和水混合形成混凝土。水泥和砂粒混合形成水泥砂浆。

水泥砂浆在室内作为饰面材料有七种传统的工艺做法，分别是拉毛墙面、甩毛灰、搓毛灰、扫毛灰、墙面喷涂抹灰、墙面滚涂抹灰、墙面弹涂抹灰（图 3-46、图 3-47）。

5. 人造砂岩

人造砂岩是一种人造复合石材。以不饱和聚酯树脂为胶粘剂，配以天然方解石、白云石、硅砂、玻璃粉等无机物粉料，以及适量的阻燃剂、颜料等，经配料混合，以高压制成板材。人造砂岩就是通过颜料填料和加工工艺制成的具有天然砂岩效果的仿制砂岩。

人造砂岩具有质硬，耐久，防火，防水，防腐，隔声，吸潮，抗破损，户外不风化，水中不溶化，不长青苔，易清理，可塑性强等特点。人造砂岩可以通过注塑手段方便地制成多种复杂造型，在搭配上具有较大的随意性，并且具有强烈的表现力。人造砂岩不会产生由于光反射而引起的光污染，并且也具有一定的防滑性能，是古典与现代的最佳结合品。用途有雕刻艺术品、雕花线、浮雕板、门套、窗套、花瓶、罗马柱等异型加工产品。

人造砂岩色彩品种多样，有木纹砂岩、红砂岩、绿砂岩、白砂岩、黄砂岩、黑砂岩等。与天然砂岩相比较，人造砂岩成型快、样式多样化的特点使其逐步取代天然砂岩，被广泛用于室内外墙面装饰领域。

6. 塑料

顾名思义，塑料是可以塑造的材料。指以合成树脂或天然树脂为主要原料，加入或不加入添加剂，在一定温度、压力下，经混炼、塑化、成型，且在常温下保持制品形状不变的材料。

目前主要有两种分类方法：根据各种塑料不同的使用特性，通常将塑料分为通用塑料、工程塑料和特种塑料三种类型；根据塑料受热后的性质不同，则分为热塑性塑料和热固性塑料两种类型。不同种类的塑料给人的感受也很不一样，有的手感细腻柔软，有的则粗糙坚硬。

塑料之所以在装饰装修中被广泛地应用，是因为它具有如下优点：

（1）加工特性好：塑料可以根据使用要求加工成多种形状的产品，且加工工艺简单，宜于采用机械化大规模生产；

（2）质轻：塑料的密度在 $0.8\sim2.2g/cm^3$ 之间，一般只有钢的 1/3～1/4，铝的 1/2，混凝土的 1/3，与木材相近。用于装饰装修工程，可以减轻施工强度和降低构造物的自重；

（3）比强大：塑料的比强度远高于水泥混凝土，接近甚至超过了钢材，属于一种轻质高强的材料；

（4）极强的绝缘性：一般塑料都是电的不良导体，其电绝缘性可与陶瓷、橡胶媲美；

（5）化学稳定性好：塑料对一般的酸、碱、盐及油脂有较好的耐腐蚀性，比金属材料和一些无机材料好得多。特别适合做化工厂的门窗、地面、墙体等；

（6）导热系数小：基于塑料的这些特性，我们在实际应用中可通过改变配方或加工工艺，制成具有各种特殊性能的材料。如高强的碳纤维复合材料，隔声、保温复合板材，密封材料，防水材料等。

塑料可以做成透明的制品，也可制成各种带颜色的制品，而且色泽美观、耐久，还可用先进的印刷、压花、电镀及烫金技术制成具有各种图案、花形和表面具有立体感、金属感的制品。塑料可以做出的制品造型、色彩、厚薄等均不受限制，所以塑料在室内装饰领域的应用可以具有极大的创新性。塑料也有缺点，就是易老化、易燃、耐热性差、刚度较小。如果我们能在室内设计中扬长避短，那么塑料无疑将是一种有着光明前景的装饰材料。

3.2.4 液态的材料

1. 涂料

涂料一般被称为墙面漆。其主要功能是装饰和保护墙面，同时，具有透气、耐水和耐刷洗、涂刷方便、重涂容易等优点。涂料是我们常见常用的一种装饰材料，这是因为涂料与其他饰面材料相比，具有色彩鲜明、易于施工、维修方便、实用经济等优点。

涂料，按其外观形态不同大体分成液态涂料和粉末涂料两大类。

（1）聚醋酸乙烯涂料：聚醋酸乙烯涂料是以合成树脂乳液为基料加入颜料、填料及各种助剂配制而成的一类水性涂料。具有较好的附着力和保色性，抗大气性和耐水性高，施工方便，适用于砂浆、混泥土、木材表面的喷涂，涂膜细腻、平滑，透气性好，有一定的装饰效果，是内墙涂料中应用最广的品种。其特点主要有以下几点：

1）由于该涂料以水为分散介质，不污染环境，安全、无毒，无火灾危险，属环保产品；

2）施工方便，消费者可以自己动手进行刷涂施工，施工工具可以用水清洗干净；

3）涂膜干燥快，施工工期短。在适宜的气候条件下，有时可在当天内完成涂料施工；

4）装饰性好，有多种色彩、光泽可以选择，装饰效果清新、淡雅。如近年较为流行的丝面效果，涂膜具有丝质亚光，手感光滑细腻如丝绸，能给居室营造出一种温馨的氛围；

5）维修方便，要想改变色彩只需在原涂层上稍作处理，即可重新涂刷。

（2）仿瓷涂料：仿瓷涂料又称瓷釉涂料，是一种装饰效果酷似瓷釉饰面的建筑涂料。该涂料具有正视如瓷、侧视如镜、耐洗刷、抗碱、抗腐蚀、硬度高、防霉、防水、防火、无味、无毒、无辐射、易施工等良好特征。常用的是溶剂型树脂类仿瓷涂料。

溶剂型树脂类仿瓷涂料是以溶剂型树脂为主要成膜物，加以颜料、溶剂、助剂而配制成的瓷白、淡蓝、奶黄、粉红等多种颜色的带有瓷釉光泽的涂料。其涂膜光亮、坚硬、丰满，酷似瓷釉，具有优异的耐水性、耐碱性、耐磨性、耐老化性，并且附着力极强，与任何墙漆都有极好的亲和性，不会发生化学反应。

（3）106涂料：106涂料成本低、无毒、无臭味，能在稍潮湿的水泥和新、老石灰墙面上施工，粘结性好，干燥快，涂层表面光洁，能配成多种色彩，装饰效果好。这种涂料的缺点是不耐水、不耐碱，涂层受潮后容易剥落。该涂料干擦不掉粉，由于其成膜物是水溶性的，所以用湿布擦洗后总要留下些痕迹，易泛黄变色，但其价格便宜，施工也十分方便，目前市场的消耗量仍很大，多为中、低档居室或临时居室室内墙装饰选用。

（4）803涂料：803涂料属于水溶性涂料。该涂料无毒、无臭味，可喷可刷，涂层干燥快，施工方便，与新、老石灰墙粘结良好。涂料色彩多样，装饰效果好，具有耐水、耐刷洗等特性。属低档内墙涂料，适用于一般内墙装修。价格便宜，施工也十分方便，目前市场的消耗量很大。

（5）真石漆：真石漆是一种装饰效果酷似天然石材的水性建筑漆。主要由合成树脂乳液和各种颜色的天然石粉混合加工而成。其装饰效果具有天然真实的自然色泽，给人以高雅、和谐、庄重之美感。适用于各类建筑的室内外装修，特别是在各类曲面建筑物上装饰，可以收到生动逼真的效果，具有防水、耐碱、无毒、无味、不褪色等优点，有良好的附着力和耐冻融性。真石漆主要由三部分组成：抗碱封底漆、真石漆中间层和罩面漆。抗碱封底漆的作用是阻塞基层表面的毛细孔，避免基层泛碱，同时也增加了真石漆主层与基层的附着力，避免了剥落和松脱现象。真石漆中间层是由骨料，胶粘剂（基料），各种助剂和溶剂组成。骨料是天然石材经过粉碎、清洗、筛选等多道工序加工而成。罩面漆主要是为了增强真石漆涂层的防水性、耐沾污性及耐紫外线照射等性能，也便于日后的清洗。

2. 油漆

一般指木器漆和金属漆，主要应用于木制品和金属表面的涂饰。依据调合物成分不同可把漆分成水性和油性两大类，参见图3-48所示。

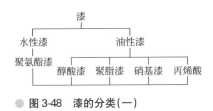

● 图3-48　漆的分类（一）

（1）水性漆：水性漆以水作为稀释剂，具有无毒环保、无气味、可挥发物极少、不燃不爆的高安全性、不黄变、涂刷面积大、综合成本低、施工简单、漆膜丰满度好等优点。但一般的水性木器漆漆膜硬度较差、漆膜较脆。市场上最常用的是聚氨酯水性漆。聚氨酯水性漆的综合性能优越，丰满度高，漆膜硬度高，甚至超过油性漆，使用寿命、色彩调配方面都有明显优势，为水性漆中的高级产品。

（2）油性漆：油性漆以稀料作为稀释剂，具有丰满度高、漆膜硬度高、使用寿命长等优点，但其气味大、可挥发物较多、环保性较差。目前，市场上常用的油性漆主要有醇酸漆、硝基漆、聚酯漆、丙烯酸漆、磁漆等。

油性漆包括以下几种：

（1）醇酸漆：醇酸漆的优点是：附着力强、绝缘性好、色泽光亮，不会造成化学抵触，所以在旧物改造时，对于原物体表面漆的性质不明时，此漆是最佳选择。醇酸漆的缺点是：干燥时间长、耐候、耐水、耐碱性差，漆膜较软，不耐打磨。它主要用于室内家具、细木装修，卫生间、厨房慎用；

（2）聚酯漆：聚酯漆的优点是漆膜丰满，硬度、光泽度均高于其他漆种，耐水、耐热。聚酯漆的缺点是柔韧性差、受力时容易脆裂，一旦漆膜受损不易修复，超出标准的游离TDI还会对人体造成伤害。高档家具常用的为不饱和聚酯漆，也就是通称的"钢琴漆"；

（3）硝基漆：硝基漆即一般说的"手扫漆"。硝基漆的优点是：漆膜光泽持久，不易泛黄，坚硬耐磨，干燥快，保光保湿性好，具有一定的耐化学性、耐油性，特别适用于工期紧的工程。硝基漆的缺点是：遇高热、潮湿会发生效果的变化，故卫生间、厨房等场所慎用；硝基漆漆膜附着力差，漆膜硬度不及聚氨酯漆、不饱和聚酯漆与丙烯酸漆；

（4）丙烯酸漆：丙烯酸漆漆膜光亮、坚硬，具有良好的保色、保旋光性能，耐水、附着力良好，经抛光修饰漆膜平滑如镜，并能经久不变。

依据表面透明度不同可把漆分为清漆和混漆两大类，参见图3-49所示。

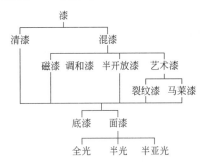

● 图3-49　漆的分类（二）

（1）清漆：清漆称凡立水。这种透明涂饰，不仅能保持木材原有的花纹，同时通过基面着色能够改变木材本身的颜色。清漆的装饰效果自然、典雅，主要善于表现木材的纹理，适宜硬木类表面的装饰。如：水曲柳、红榉、白榉、黑胡桃、红胡桃，以及各种科技木等。但易受潮受热影响的对象不宜使用清漆。清漆从表面形态看，分为无色透明清漆和有色清漆，从漆膜效果上看主要有全光、半光、亚光三种，半光和亚光，是在全光基础上加入亚光剂形成的。

（2）混漆：混漆是一种不透明的漆，完全遮盖木材表面的颜色和花纹。混漆主要表现的是油漆本身的色彩及木纹本身的阴影变化，主要用于松木等软木材的表面涂饰，对于木质要求不高的夹板、软木密度板均可使用。

混漆的种类很多，常用的有以下几种。

（1）磁漆：磁漆也叫作瓷漆，因漆膜光亮、坚硬、酷似瓷器，故得名。磁漆色泽丰富，附着力强，适用于室内外金属和木质等表面起装饰及保护作用。磁漆虽然具有较好的干燥性，但由于其耐候性差，易失光、龟裂，所以用于木器表面的不多。

（2）调和漆：质地均匀，稀稠适度，漆耐腐蚀、耐晒，经久不裂，遮盖力强，耐久性好，施工方便，适用于室内外钢铁、木材等材料的表面。常用的是油性调和漆。

（3）半开放漆：混漆的一种特殊工艺，一般用于纹理明确的木材表面的涂饰，即可见底纹而看不见底色，触摸有凹凸感。可以是单色，也可涂各色面漆、再在面漆表面擦色，形成两种颜色的表面效果。在底板选材上选择木眼较深、纹理均匀光滑、质材较硬的木材，如橡木、樱桃木、水曲柳等。

（4）裂纹漆：漆膜表面呈裂纹效果，可以是单色，也可以是双色。在底漆上喷涂裂纹漆后，由于裂纹漆粉性含量高，溶剂的挥发性大，因而它的收缩性大，柔韧性小，由于裂纹漆内部应力产生较高的拉扯强度而形成良好、均匀的裂纹图案。

（5）马莱漆：漆膜表面呈现油画笔触效果，手触无凹凸感，适于涂饰在墙壁、顶棚、家具及金属等表面。

不论何种漆都有底漆和面漆之分。

（1）底漆：主要作用是填充毛孔，提高涂膜的厚度，使面漆更有附着力，可减少面漆耗量、降低涂刷成本，确保最佳装饰效果。

（2）面漆：主要是起装饰和保护作用，使漆膜美观。面漆必须具备相当的保光、保色、硬度、附着力、流平性等。从漆膜效果上看主要有全光、半光、亚光三种，半光和亚光，是在全光基础上加入亚光剂形成的。

3.2.5 辅助类材料

1. 胶

胶的学名叫作胶粘剂，它具有良好粘结性能，同时可以把两个物体牢固地交接起来。随着各种胶粘剂的涌现，它在建筑装饰工程中的应用也越来越多，这是因为胶接与焊接、铆接、螺纹连接等方式相比，具有许多突出的优点：比如不受胶结物的形状、材质等因素的限制；胶接后具有良好的密封性；胶接方法简便，而且几乎不会增加粘结物的重量等。所以，目前胶粘剂已成为工程上不可缺少的重要配套材料。

胶粘剂的品种比较多，用途不同，组成各异。分类的出发点不相同，导致胶粘剂的分类方法也很多，一般有从粘料性质、胶粘剂用途和固化条件等几个方面来划分。

常见的胶粘剂有如下几种。

（1）壁纸胶粘剂：粘贴壁纸用的胶粘剂很多，包括白胶（醋酸乙烯乳液）、化学浆糊（聚乙烯醇）以及经改性处理的各种水溶性胶粘剂。

1）改性树脂胶的品种较多，呈白色粉末状，这种胶无毒、无味，粘结力不等。可在水泥砂浆、石膏板、木板上粘贴纸基壁纸。但是，调制的水量需要按说明要求配制。

2）白胶：这种胶是一种白色粘稠状的液体，它分为两种：一种是聚醋酸乙烯胶，另一种是醋酸乙烯—乙烯共聚乳液胶。当用水稀释到适当稠度，可直接用于在水泥砂浆、石膏板、木板上粘贴各种壁纸和壁布。而且，其无毒、无味、粘结力强，其中，醋酸乙烯—乙烯共聚乳液胶耐潮湿且不翘边。

3）化学浆糊：一般呈透明粘稠状，可直接用于在水泥砂浆、石膏板、木板上粘贴各种纸基壁纸，无毒、无味、粘结力强，但不耐潮湿，容易翘边。

4）专用壁纸胶：这种专用壁纸胶有 8104 壁纸胶和 801 壁纸胶。这种胶都具有良好的粘结性能，而且涂刷很方便。其中，801 胶的具有不燃、游离甲醛含量低、耐磨性和剥离度好、与水泥砂灰抹面墙粘结性好的特点，而 8104 壁纸胶的用料量相对来说比较少。

（2）地板胶粘剂：主要用于木地板、塑料地板与水泥等基层的粘结。常用的胶粘剂有：聚醋酸乙烯、环氧树脂类、聚氨脂类和氯丁橡胶类等。

1）醋酸乙烯—乙烯共聚乳液胶，呈白色粘稠状，可以直接在水泥砂浆、混凝土地面上粘塑料地板或竹木地板。粘结强度和耐潮湿性比白胶好，此胶无毒、无味，属环保材料。

2) 醋酸乙烯—丙烯酸丁脂胶：呈透明粘稠状液体，可以直接在水泥砂浆、混凝土地面粘贴塑料地板，无毒、无味而且粘结力强。

3) 水乳型氯丁胶：白色粘稠状液体，无毒、无味、耐潮防水，可直接在水泥砂浆、混凝土地面上粘贴塑料地板，胶层韧性好。

(3) 玻璃、有机玻璃胶粘剂主要有三种：

1) 透明丙烯酸酯胶：这是一种在常温下能够快速固化的一种胶。完全固化时间为 4～8 小时，A、B 两组分混合后，可使用一周以上。具有粘结力强、操作方便等特点。透明丙烯酸酯胶无毒，粘结强度可根据需要调节。使用时需要注意，一类牌号只适用于有机玻璃、ABS 塑料、丙烯酸酯类共聚制品的粘接，另一类牌号的制品只适用于无机玻璃以及玻璃钢制品的粘结；

2) 聚乙烯醇缩丁醛胶粘剂（PVB）：对于玻璃的粘接力好，透明度高，耐老化性好，是适用于夹胶玻璃制作的最主要材料；

3) 瓷砖、石材胶粘剂：瓷砖、石材胶粘剂是近几年发展起来的一种新型胶粘剂，用料薄，施工速度快，粘结强度高，适用于瓷砖、石材及水泥基面的粘结，有些也适用于钢铁、玻璃、木材、石膏板等基面的连接。

2. 腻子

腻子（填泥）是平整墙体表面的一种材料，是一种厚浆状涂料。它是涂料粉刷前必不可少的一种产品。该产品是亚洲（主要是中国）特有的产品。它可涂施于底漆上或直接涂施于物体上，用以清除被涂物表面上高低不平的缺陷。主要适用于室内混凝土、水泥砂浆、石膏板、石棉水泥板、砖石等基材的处理，填平粗墙面，平整墙面凹凸不平、龟裂缝隙或孔隙，衬托涂料的装饰效果，抗自裂和基层龟裂，有效防止墙面起皮、脱落等现象，同时方便涂刷，提高涂膜的厚度，从而减少面漆的用量，使面漆更有附着力，并可降低工程造价。

腻子是采用少量漆基、大量填料及适量的着色颜料配制而成的。颜色主要有铁红、炭黑、铬黄等。腻子可填补局部有凹陷的工作表面，也可在全部表面刮除，通常是在底漆层干透后，施涂于底漆层表面。质量好的腻子附着性好，烘烤过程中不产生裂纹。

一般常用的腻子根据不同工程项目、不同用途可分为三类：

(1) 胶老粉腻子：用于做水性涂料平顶内墙；

(2) 润油面腻子：用于钢木门窗等项目的油性涂料；

(3) 胶油面腻子：用于原油漆的平顶墙面。

目前建筑市场上销售的腻子品种有耐水腻子和一般型腻子(821 腻子)。耐水腻子是具有一定耐水性的腻子；821 腻子是不具有耐水性的腻子。

821 腻子显现的缺点：附着力差，粘结强度低，没有韧性，遇潮气后很快会出现粉化现象，尤其是在内墙保湿板上进行处理，即使是用布作全封闭处理也难杜绝以上现象。再次粉刷墙面时，需要铲除原有的 821 腻子，费力且污染环境。

北京已经从 2001 年开始禁止使用 821 腻子。目前市场上用易刮平和墙衬作为 821 腻子的替代品，但是一些装饰公司为了降低成本，仍在大量使用 821 腻子。

3. 原子灰

原子灰，俗称汽车腻子，又称不饱和树脂腻子，是近 20 年来世界上发展较快的一种嵌填材料，是可随时调配使用、方便快捷的新型嵌填材料。它具有易刮涂、常温快干、易打磨、耐高温、附着力强、不龟裂、不塌陷、填充性好、对底材附着力强、涂膜平整等优点，是各种底材表面填充的理想材料。作用在于基面找平，一般木器施工必用，补钉眼、棕眼等处时，可加入少许石膏粉嵌补。广泛应用于金属及钢筋混凝土类建筑物的制造和修理的表面涂层，也用于家具、地板等。

第 4 章 使用材料

每种材料的背后都有一个博大的技术系统,作为设计师对于材料的形成原理、生产工艺等不需详细了解,但是对材料的施工技术则要有比较深入的认识。这有助于设计师用适当的技术方法将其应用于设计实践中。

从实用的角度讲,设计应考虑的是室内的造型与人的活动相吻合,并使用适当的材料,同时还应考虑到材料以及劳动的消耗成本和管理成本,力求用尽量少的费用获得尽量大的经济效益。设计中所选定的材料,要根据市场情况落实:当时、当地材料的价格;材料市场流通量的多少;材料的色彩、质地、图案与相应材料的可行程度等。另外,我们在掌握材料基本技术的同时,还应努力探索对传统材料的新型应用技术方法。

材料在方案阶段尽量在效果图中表现出材料的色彩与质感,在施工图中应准确标注材料的名称及颜色、规格、尺寸,注意界面转折与材料过渡的处理,以便于工人按设计施工。本章主要介绍材料在建筑和室内设计工程中如何使用的及最常用的做法。

4.1 材料的使用对象

我们前边认识的所有建筑装饰材料都散布在空间的各个方面发挥着作用,有时用于墙体建造、内墙装饰、地面铺装、顶面悬吊、楼梯的架设、门窗的美化、支撑结构的柱子等方面,有时它们作为结构材料,同时也可以是饰面材料。有些材料的使用对象介于建筑与室内之间,所以也不好明确地划分。设计师对材料使用对象及施工工艺技术的了解,有助于对专业知识的进一步掌握。

4.1.1 建筑墙体

建筑墙体是室内外空间的界面,具有遮风挡雨、保温隔热、防御以及承担结构荷载的功能。建筑内墙是用于围合、分隔建筑内外空间的非承重墙体,可以用来控制房间的大小及形状,限制人的行为,并在视觉上、听觉上为室内空间提供围护感和私密性,还可以起到增加空间的层次感,组织人流路线等作用。内墙增加了可依托的边界,既具有功能性,又具有装饰性的作用。

1. 墙体的类型

按墙体在平面上所处位置不同,可分为外墙和内墙、纵墙和横墙。对于一片墙来说,窗与窗之间和窗与门之间的墙称为窗间墙,窗台下面的墙称为窗下墙。

在混合结构建筑中,按墙体受力方式分为两种:承重墙和非承重墙。非承重墙又可分为两种:一是自承重墙,不承受外来荷载,仅承受自身重量并将其传至基础;二是隔墙,起分隔房间的作用,不承受外来荷载,并把自身重量传给梁或楼板。框架结构中的墙称框架填充墙。

按构造方式墙体可以分为实体墙、空体墙和组合墙三种。实体墙由单一材料组成,如砖墙、砌块墙等。空体墙也是由单一材料组成,可由单一材料砌成内部空腔,也可用具有孔洞的材料建造墙,如空斗砖墙、空心砌块墙等。组合墙由两种以上材料组合而成,例如混凝土、加气混凝土复合板材墙。其中混凝土起承重作用,加气混凝土起保温隔热作用。

按施工方法墙体可以分为块材墙、板筑墙及板材墙三种。块材墙是用砂浆等胶结材料将砖石块材等组砌而成,例如砖墙、石墙及各种砌块墙等。板筑墙是在现场立模板,现浇而成的墙体,例如现浇混凝土墙等。板材墙是预先制成墙板，施工时安装而成的墙，例如预制混凝土大板墙、各种轻质条板内隔墙等。

2. 结构对建筑墙体的要求

具有足够的强度和稳定性，强度是指墙体承受荷载的能力，它与所采用的材料以及同一材料的强度等级有关。作为承重墙的墙体，必须具有足够的强度，以确保结构的安全。

墙体的稳定性与墙的高度、长度和厚度有关。高而薄的墙稳定性差，矮而厚的墙稳定性好；长而薄的墙稳定性差，短而厚的墙稳定性好。

3. 墙体的保温通常采取的措施：

(1) 增加墙体的厚度；

(2) 选择导热系数小的墙体材料。

增加墙体的热阻，常选用导热系数小的保温材料，如泡沫混凝土、加气混凝土、陶粒混凝土、膨胀珍珠岩、膨胀蛭石、浮石及浮石混凝土、泡沫塑料、矿棉及玻璃棉等。

4. 墙体的隔热要求一般采取的隔热措施：

(1) 外墙采用浅色而平滑的外饰面，如白色外墙涂料、玻璃马赛克、浅色墙地砖、金属外墙板等，以反射太阳光，减少墙体对太阳辐射的吸收；

(2) 在外墙内部设通风间层，利用空气的流动带走热量，降低外墙内表面温度；

(3) 在窗口外侧设置遮阳设施，以遮挡太阳光直射室内；

(4) 在外墙外表面种植攀缘植物使之遮盖整个外墙，吸收太阳辐射热，从而起到隔热作用。

5. 墙体主要隔离由空气直接传播的噪声，一般采取以下措施：

(1) 加强墙体缝隙的填密处理；

(2) 增加墙厚和墙体的密实性；

(3) 采用有空气间层式多孔性材料的夹层墙；

(4) 尽量利用垂直绿化降低噪声。

4.1.2 建筑墙体材料

1. 清水砖墙

清水墙就是砖墙外墙面砌成后，只需要勾缝，不需要外墙面装饰，砌砖质量要求高，灰浆饱满，砖缝规范美观。相对混水墙而言，其外观质量要高很多，而强度要求则是一样的。

近年来清水砖墙的使用一般有两种情况，一种是在经济不发达的地区，人们为降低建筑物的造价，不做外饰面，而显露出清水砖墙的表面。另一种是建筑师对"砖"情有独钟，砖被作为一种文化的象征而被使用。清水砖有灰色与红色两种(图4-1、图4-2)。灰色砖的运用多见于我国，而红色砖在国内、外应用都很广泛，砖质地纯朴、色泽自然，本身就具有一定的美感，同时又属建筑结构用材，可做建筑外墙与内墙，具有承重、保温、防潮等性能，但由于自重和厚度相对较大，一般不用于高层建筑。

砖根据砌筑方式的不同，能够获得不同的肌理效果。如：阿尔托的夏季小屋，围合内院的两侧墙

● 图 4-1　红色清水砖墙建筑立面

● 图 4-2　灰色清水砖墙建筑立面

面被不可思议的分成 50 个部分，每个部分都展现出用不同的方法拼砌形成的肌理效果。更为神奇的是，他把砖的这种美学潜质发挥到了极致。又如路易斯·康是将砖墙与混凝土完美结合的建筑师，为我们展现了砖墙的又一可能性。

2. 石块墙体

除中国外，世界上许多古建筑都是由天然石材建成的。在我国，天然石材作为建筑材料可以追溯到秦汉时期，在当代用石块进行砌筑的墙体，多见于山区石料多产地区，或常见于建筑师的个别创作中（图4-3）。

● 图 4-3　石块墙体

3. 清水混凝土墙

主要作为结构性墙，可同时作为内墙与外墙，既可承重，又有划分空间的作用。清水混凝土极具装饰效果，所以又称装饰混凝土。它浇筑的是高质量的混凝土，而且在拆除浇筑模板后，可直接将清水混凝土墙表面裸露，不做任何装饰。它不同于普通混凝土，表面非常光滑，棱角分明，无任何外墙装饰，只是在表面涂一层或两层透明的保护剂，显得十分天然、庄重。清水混凝土墙本身的颜色，以及浇筑时表面留下的自然肌理效果单纯质朴。

清水混凝土是物质发展到一定程度，工艺要求极高的产品，素面朝天看似简单，其实比金碧辉煌、银装素裹还难做得多。清水混凝土是国内建筑领域少人涉足的一片神秘之地。虽然它与生俱来的厚重与清雅是一些现代建筑材料无法效仿和媲美的，但因施工难度大、可变因素多，又使其始终难以被国内的业主和建筑师所采用，也就更鲜有成功的范例。

真正的建筑文化就是用最本质的建筑语言来构建空间，但是随着土地日益紧张，高层建筑越来越多，特别是钢筋混凝土成为建筑主体以后，内、外都需要重新装饰。它的缺点是存在贴瓷砖掉落不安全、涂料会变色等问题。清水混凝土是一种最自然的材料，可以用最纯粹、最简单的语言来叙述建筑，这样的语言才是建筑师所追求的。

（1）混凝土配合比设计和原材料质量控制：新拌混凝土必须具有极好的工作性和黏聚性，绝对不允许出现分层离析的现象。原材料产地必须统一，砂、石的色泽和颗粒级配均匀。

（2）模板工程：清水混凝土施工用的模板必须具有足够的刚度，在混凝土侧压力作用下不允许有一点变形，以保证结构物的几何尺寸均匀、断面的一致，防止浆体流失。对模板的材料也有很高的要求，表面要平整光洁、强度高、耐腐蚀，并具有一定的吸水性。对模板的接缝和固定模板的螺栓等，则要求接缝严密，不允许漏浆。

（3）养护：清水混凝土如养护不当，表面极容易因失水而出现微裂缝，影响外观质量和耐久性。因此，对裸露的混凝土表面，应及时采用黏性薄膜或喷涂型养护膜覆盖，进行保湿养护。

4. 空心玻璃砖墙体

空心玻璃砖是具有优良性能的绿色环保材料。玻璃砖是由石英砂、纯碱、石灰石等硅酸盐无机矿物质原料经高温熔化而成的透明材料，是名符其实的绿色环保产品。它无毒无害、无污染、无异味、无刺激性，能防虫蛀，不对人体构成任何侵害，还能全部回收，重制后能反复利用。施工简单，没有危险性，一次施工，两面墙体即刻透亮起来，既省力又省钱，是理想的装饰材料。

（1）高隔热性：空心玻璃砖墙的高隔热性是它能很快推广应用的重要原因。通过空心玻璃砖的漫散射和内部负压空腔，可使夏季室内在较强阳光照射下，得到足够的光线，而使不必要的升温得到了缓解。冬季，空心玻璃砖其较低的导热系数和负压中空腔阻止了热量的损失，内、外两面温差可达40℃，而不影响空气的湿度。空心玻璃砖在建筑物上的使用，将使室内夏季凉爽，远离酷热；冬季温暖不干燥而又节约能源。

（2）高隔声性：空心玻璃砖墙的高隔声性更是独树一帜的重要特色。空心玻璃砖因其中有密封负压气体，具有较高的隔声性。若用空心玻璃砖砌筑外墙来替代或减少窗子的面积，不但采光效果更好，而且还能有较好的隔声效果。若用空心玻璃砖作室内隔断，不但可以进行二次采光，还具有很好的隔声效果。

（3）透光不透视性能：空心玻璃砖墙的高透光但不透视的特性是一般装饰材料无法与其相比的。白色空心玻璃砖的透光系数是75%～85%，和一般双层中空玻璃相当，优于其他有色装饰玻璃，用空心玻璃砖砌成的墙体具有高透光性。但由于玻璃砖内在表面存在各种花纹、图案，具有不透视性，保持了室内的隐蔽性，光线通过漫散射使整个房间充满柔合光线，避免了阳光直射引起的不适感。空心玻璃砖还可用于室内隔断，可使阳光从室外透过一层墙壁，再透过用空心玻璃砖砌成的隔断，达到二次透光，甚至是三次透光，大大提高室内的光环境水平。

（4）防火性能：空心玻璃砖墙的耐火特性也是相当卓越的，其耐火等级为GB甲级，耐火极限大于72分钟。空心玻璃砖不仅能满足高档装饰效果的需要，还能达到足够的防火标准，当火灾发生时，火焰遇到空心玻璃砖墙体或隔断，只好望而止步，从而阻滞了火焰的蔓延，减少物资损失，给人带来更多的生存机会。在防火意识越来越强的今天，空心玻璃砖必将被越来越多的人认识和在设计中采用。

（5）高抗压和抗冲击性能：空心玻璃砖具有很高的抗压强度和抗冲击强度，因此在设计施工时，即便是很高的玻璃砖墙，空心玻璃砖的自重仍可忽略不计。

（6）防雾化：空心玻璃砖在防止雾化方面也有出色的表现，例如室内温度20℃，湿度60%的情况下，室外温度即使在零下2℃时玻璃砖表面也不会雾化、结露，防止了雾化水气对边框的浸蚀。

另外空心玻璃砖还具有其他优良的性能，如：防击穿性能、防盗安全性和易维护等。玻璃砖墙体适用于建筑物的非承重内、外装饰墙体，根据需要还可砌筑呈曲线。施工简单，一般用白水泥与细砂按1：1的比例调配的水泥砂浆砌筑，砌筑完毕以透明型美之宝大力胶调石英勾缝，之后封口收边即可。

5. 玻璃幕墙体

（1）点线式玻璃幕墙构造：在强化玻璃的四角钻出小孔，四点为一组，插入带有可自由旋转系统的金属支撑点来固定。墙面支撑体系与玻璃面完全脱离。它的优点是容易形成完整的玻璃造型，可不受限制地制造出大面积和任意倾斜角度的玻璃幕墙面。为了减少玻璃幕墙所造成的能源浪费的问题，幕墙采用了双层玻璃墙面的做法，用以支撑幕墙的金属索网设在双层幕墙的中间，有效地利用了双层墙面中部的空间，且避免了双层支撑容易造成的双重构件的繁琐。

（2）框架式玻璃幕墙构造：是最为常见的玻璃幕墙构造方式，它利用金属框架作为墙体构造承重体系，金属框架与建筑主体结构框架相连，其分隔与构图根据玻璃的尺寸以及立面设计而定。这种构造技术相对成熟，幕墙的规模、高度、角度基本不受限制，是目前首选的构造方式。但是，框式玻璃在造型上有很大的局限性，由于受制于金属框架，无法形成完全由玻璃组成的立面。

（3）玻璃肋幕墙构造：是通过在玻璃墙面中增加垂直于墙面的短尺寸玻璃（玻璃肋）来保证玻璃幕墙的稳定性。这种方式的特点在于从幕墙中取消了用于支撑的金属框架，玻璃之间通过胶粘剂结合在一起，形成完全由玻璃组成的透明墙面。玻璃肋方式形成连续的玻璃墙面，让人可以毫无割断地欣赏到室外的景色，有效地实现了室内外空间的交融。

（4）隐框玻璃幕墙构造：金属框架设在玻璃墙面

的内部，它突破了玻璃肋方式在高度上的限制，同时墙体的倾斜角度也基本不受限制。当然，隐框构造方式也有其在建筑设计中的难点，最主要的问题在于它仍然无法避免金属框的存在。虽然金属框被隐藏在玻璃的后面，但由于玻璃透明的特性，金属框仍然会成为建筑造型的重要表现元素。卢浮宫新美术馆的玻璃金字塔是隐框玻璃幕墙构造方式应用的代表性实例。

（5）无孔点式玻璃幕墙构造：采用金属夹的方式，用一组钢构件将四片玻璃夹住，达到固定和支撑的目的。它将点支式的四点支撑综合为一点支撑，在建筑造型上更为简洁，更大限度地实现了玻璃幕墙的透明与整体性。

6. 轻钢龙骨石膏板隔墙

是目前最常用的内墙做法，可直接将石膏板安装于轻钢龙骨之上，接缝以及钉头处须用灰泥补上，表面可涂刷或裱糊处理。石膏板做墙的好处是自重比较轻，容易拆卸，可以在不破坏其他墙面的情况下拆除。

（1）主要材料及配件：

1）轻钢龙骨主件：沿顶龙骨、沿地龙骨、加强龙骨、竖向龙骨、横向龙骨（图4-4、图4-5）；

2）轻钢骨架配件：支撑卡、卡托、角托、连接件、固定件、附墙龙骨、压条等附件；

3）紧固材料：射钉、膨胀螺栓、镀锌自攻螺丝、木螺丝和粘结嵌缝料；

图4-5 轻钢龙骨堆料

4）填充隔声材料：按设计要求选用；

5）罩面板材：纸面石膏板规格、厚度由设计人员或按图纸要求选定；

6）主要机具：直流电焊机、电动无齿锯、手电钻、螺丝刀、射钉枪、线坠、靠尺等。

（2）工艺流程：轻隔墙放线→安装门洞口框→安装沿顶龙骨和沿地龙骨→竖向龙骨分档→安装竖向龙骨→安装横向龙骨卡档→安装石膏罩面板→施工接缝做法→面层施工处理。

（3）安装石膏罩面板：

1）检查龙骨安装质量、门洞口框是否符合设计及构造要求，龙骨间距是否符合石膏板宽度的模数。

2）安装一侧的纸面石膏板，从门口处开始，无门洞口的墙体由墙的一端开始，石膏板一般用自攻螺钉固定，板边钉距为200mm，板中间距为300mm，螺钉距石膏板边缘的距离不得小于10mm，也不得大于16mm，自攻螺钉固定时，纸面石膏板必须与龙骨紧靠。

3）安装墙体内电管、电盒和电箱设备。

4）安装墙体内防火、隔声、防潮填充材料，与另一侧纸面石膏板同时进行安装填入。

5）安装墙体另一侧纸面石膏板：安装方法同第一侧纸面石膏板，其接缝应与第一侧面板错开。

6）安装双层纸面石膏板：第二层板的固定方法与第一层相同，但第三层板的接缝应与第一层错开，

图4-4 轻钢龙骨石膏板隔墙施工中

不能与第一层的接缝落在同一龙骨上。

(4)接缝做法：纸面石膏板接缝做法有三种形式，即平缝、凹缝和压条缝。可按以下程序处理：

1)刮嵌缝腻子：刮嵌缝腻子前先将接缝内浮土清除干净，用小刮刀把腻子嵌入板缝，与板面填实刮平；

2)粘贴拉结带：待嵌缝腻子凝固原形即行粘贴拉接材料，先在接缝上薄刮一层稠度较稀的胶状腻子，厚度为 1mm，宽度为拉结带宽，随即粘贴接结带，用中刮刀从上而下一个方向刮平压实，赶出胶腻子与接结带之间的气泡；

3)刮中层腻子：拉结带粘贴后，立即在上面再刮一层比拉结带宽 80mm 左右、厚度约 1mm 的中层腻子，使拉结带埋入这层腻子中；

4)找平腻子：用大刮刀将腻子填满楔形槽与板抹平；

(5)墙面装饰：纸面石膏板墙面，根据设计要求，可做各种饰面。

7.水泥板墙

一般作为内墙的结构墙，表面独特的纹理可提高板材与瓷砖胶的粘合力，同时具有防潮、不易变形和发霉，且强度高，适用于浴室、卫生间、洗衣房等潮湿房间，墙面可贴瓷砖。不过也有用水泥板直接用作外饰面材料的，效果朴素大方（图4-6）。

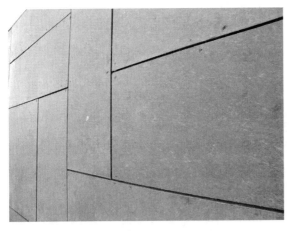

● 图 4-6　水泥板墙面装饰效果（北京市规划博物馆）

4.1.3　内墙表面的处理

1.花岗石墙面

是将石材采用干粘、湿贴或干挂的方法用于建筑墙体表面，抛光有明显的晶状斑点或纹理，给人以厚重、华丽之感，广泛适用于办公、餐饮、宾馆、商场等公共空间，但对于放射性元素超标的花岗石应尽量避免用于室内。

2.大理石墙面

纹理比较大，适合于大面积的墙面处理，做法与花岗石墙面相同。天然大理石中少量含有放射性微量元素，相对比较环保。

3.木墙面

一般在墙面做龙骨，再将大芯板固定在龙骨之上做基层，在基层板上打胶粘接实木夹板，这种墙具有天然的纹理和色泽，不耐潮湿、虫蛀和火，应用时要注意防火、防潮，南方要注意防蛀处理，同时要尽量避免用于潮湿以及厨房等空间。

4.背漆玻璃墙面

通常用大芯板或密度板在墙面做基层处理，再将玻璃用 AB 胶粘到基层板上。这种玻璃墙，失去了玻璃本身的透明感，但却增强了反射效果，同时，可根据需要来选择颜色，表面光洁，具有现代、简洁的装饰效果。

5.壁纸墙面

壁纸是常用的室内墙面材料，它施工时工效高、工期短。

(1)材料准备和要求：壁纸、胶粘剂、活动裁纸刀、钢板抹子、塑料刮板、毛胶棍、不锈钢长钢尺、裁纸操作平台、钢卷尺、注射器及针头粉线包、软毛巾、板刷、大小塑料桶等。

(2)施工的相关条件：墙面、顶面壁纸施工前门窗油漆、电器的设备安装完成，影响裱糊的灯具等要拆除，待做完壁纸后再进行安装。墙面抹灰提前完成干燥，基层墙面要干燥、平整，阴阳角应顺直，基层坚实牢固。地面工程要求施工完毕，不得有较大的灰尘和其他交叉作业。

（3）施工工艺：进行基层处理时应注意以下方面。壁纸基层是决定壁纸粘结质量的重要因素，对于墙面基层要采用腻子将墙面找平。特别注意墙面的阴阳角顺直、方正，不能有掉角，墙面应保证平整，不能有凸出麻点，以达到基层坚实牢固，无疏松、起皮、掉粉现象。同时基层的含水率不能大于8%，表面用砂纸打毛。

1）基层弹线：根据壁纸的规格在墙面上弹出控制线作为壁纸裱糊的依据，并且可以控制壁纸的拼花接茬部位，花纹、图案、线条纵横贯通。要求每一面墙都要进行弹线，在有窗口的墙面弹出中线和在窗台近5cm处弹出垂直线以保证窗间墙壁纸的对称，弹线至踢脚线上口边缘处；在墙面的上面以挂镜线为准，无挂镜线时应弹出水平线。

2）裁纸：裁纸前要对所需用的壁纸进行统筹规划和编号，以便保证按顺序粘贴。裁纸要派专人负责，大面积做时应设专用架子放置壁纸达到方便施工的目的。根据壁纸裱糊的高度，预留出10～30mm的余量，如果壁纸、墙布带花纹图案应按照墙体长度裁割出需要的壁纸数量并且注意编号、对花。裁纸应特别注意切割刀应紧贴尺边，尺子压紧壁纸，用力均匀、一气呵成，不能停顿或变换持刀角度。壁纸边应整齐，不能有毛刺，平放保存。

3）封底漆：贴壁纸前在墙面基层上刷一遍清油，或者采用专用底漆封刷一道，可以保证墙面基层不返潮，或因壁纸吸收胶液中的水分而产生变形。

4）刷胶：壁纸背面和墙面都应涂刷胶粘剂，刷胶应薄厚均匀，墙面刷胶宽度应比壁纸宽50mm，墙面阴角处应增刷1～2遍胶粘剂。一般采用专用胶粘剂；若现场调制胶粘剂，需要通过400孔/cm³筛子过滤，除去胶中的疙瘩和杂质。调制出的胶液应在当日用完。

5）裱糊：裱糊壁纸时，首先要垂直，后对花纹拼缝，再用刮板用力抹压平整。原则是先垂直面后水平面，先细部后大面。贴垂直面时先上后下，贴水平面时先高后低。

一般从墙面所弹垂直线开始至阴角处收口。顺序是选择近窗台角落背光处依次裱糊，可以避免接缝处出现阴影。

6. 软包墙面

软包墙面具有吸音、隔声的特点，同时，根据设计要求表面可采用布或皮革面料，可给人以柔软、温暖、华丽质感（图4-7、图4-8）。

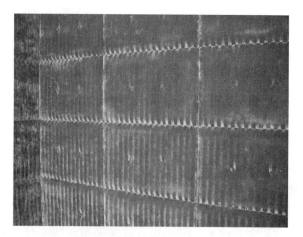

● 图4-7　墙面软包（乐亨赛富食品公司办公室）

● 图4-8　以软包为主材设计的专卖店

基层处理先在结构墙上做防潮层，安装50mm×50mm木墙筋（中距为450mm），上铺五层胶合板或细木工板，根据设计图纸要求，把该房间需要软包墙面的装饰尺寸、造型等通过吊直、套方、找规矩、弹线等工序，把实际设计的尺寸与造型落实到墙面上。再把预制的软包用钉胶固定。预制软包需将填充料（如泡沫塑料等）固定在五合板上，并用面料将其包裹。为了保持边角规矩整齐，一般会在收边处添加实木条。

7. 瓷砖墙面

易维护、耐磨损，具有多种颜色和花纹，但坚硬冰冷，容易反射噪声。一般多用于卫生间、厨房及浴场等空间。

常用直接粘贴的施工做法。第一步，将墙面做基层处理，对混凝土墙面应凿毛，并用钢丝刷满刷一遍，再浇水湿润。如果基层混凝土很光滑，亦可采用"毛化处理"的办法，即先将表面尘土、污垢清理干净，用10%火碱水将墙面的油污刷掉，随之用净水将碱液冲净、晾干。然后用水泥细砂浆内掺108胶，将砂浆甩到墙上，其甩点要均匀，终凝后浇水养护，直至水泥砂浆疙瘩全部粘到混凝土光面上，并具有较高的强度，用手掰不动为止。第二步，吊垂直、套方、找规矩、贴灰饼：根据墙面结构平整度找出贴陶瓷锦砖的规矩，如果是高层建筑物在外墙面全部贴陶瓷锦砖时，应在四周大角和门窗口边用经纬仪打垂直线找直；如果是多层建筑时，可从顶层开始用特制的大线坠绷铁丝吊垂直，然后根据陶瓷锦砖的规格、尺寸分层设点、做灰饼。第三步，抹底子灰，底子灰抹完后，隔天浇水养护。第四步，弹水平控制线。第五步，贴瓷砖。将瓷砖背面抹灰浆，镶贴应自上而下进行。最后，撕纸、调缝、用1：1水泥砂浆擦缝。

8. 陶瓷锦砖墙面

陶瓷锦砖墙面由于小块模数本身具有一定的肌理效果，比瓷砖更具细节。由于表面的模数较小更适合小面积的装饰，对于弧形墙面、圆柱等处可连续铺贴，可镶拼成各种色彩、图案。可用于室内外，做法与瓷砖墙面做法相同。

9. 木质吸声板墙面

木质吸声板的板条宽度为128mm；板条长度为最长2440mm。木质吸声板的安装方法都采用的是插槽、龙骨结构安装。吸声板首先要在准备安装的场所内放置48小时，以便其适应室内的环境而定形。安装龙骨时，木龙骨间距小于500mm，轻钢龙骨间距小于600mm。安装应遵循从左到右，从上到下的原则。吸声板横向安装时，凹口朝上；竖直安装时，凹口在右侧。用射钉把吸声板固定在龙骨上（沿企口及板槽处），用轻钢龙骨的话，要采用专业安装配件。

4.1.4 地面

地面是室内外空间的基础平面，起到承托的作用，与人体接触紧密，使用频繁。其选材和构造必须坚实和耐久，足以经受持续地磨损、磕碰及撞击，应具有防滑、防火、防水、防静电，以及耐酸碱、防腐蚀等效果。

1. 实木地板

实木地板多为实心硬木制成，具有弹性好、脚感舒适、自重较轻、保暖性好、外观自然等优点，但实木地板随温度和湿度的改变容易胀缩变形。实木地板包括条木地板和拼花地板。条木地板可凸显房间的整体性，拼花木地板的不同图案能够丰富空间效果与视觉体验。施工做法是先将地面找平，做木龙骨，根据房间的使用功能，可将龙骨中的空间填焦渣作为隔声层，实木地板与木龙骨固定时采用专业的地板钉钉牢。

2. 复合地板

以中、高密度纤维板为基材，由表面的耐磨保护层和装饰层，以及防潮底层经高温叠压制成，坚硬耐磨、防潮、抗静电、防蛀、铺装简单，具有丰富多彩的花色可供选择。经过处理的复合地板还可以用于地热的采暖方式，可直接浮铺于地面，每边都有榫和槽，利于拆卸与安装。

3. 实木复合地板

多为三层实木压合而成，也有以多层胶合板为基层的多层实木复合地板，表面采用花纹、色泽较好的硬木面层，中间层和底层采用软杂木，三层板90°垂直交错热压成型，以提高平整度和尺寸稳定性，并开有其口槽，有实木地板的外形特点，透气性和脚感要好于强化复合木地板。

4. 塑胶地板

具有舒适的脚感和良好的防滑性能，美观更安全。到今天为止，已有相当多的医院、健身房、办公场所，正在使用这种新型环保、吸声的弹性地材产品。塑胶地板分为同质透心卷材、复合卷材两种，具有良好的吸收和降低噪声功能。有多种标准色可供选择，更可订制颜色，并能够拼接各种图案，施工方便，易清洁，易保养，耐磨性好，寿命持久，而且环保，无甲醛放射。它比其他地面材料更适合于旧房的改造翻新，可将其直接铺在原有地板上（图4-9）。

● 图4-9　塑胶地板铺设施工中

5. 瓷砖地面

坚硬、耐磨，应用广泛。广泛应用于室内、外。在室内应用于浴场、卫生间等空间，具有强度高、耐久、防水以及容易保养等优点，但也有不吸声、触感冷硬，以及表面光滑、易滑倒等缺点。施工简单，用一般胶粘剂直接粘贴于处理平整的地面，干水泥擦缝。

6. 石材地面

厚度多为20mm左右，大小则可根据房间尺寸来定，其表面既可抛光，也可烧毛处理。石材耐磨损，视觉感精美豪华。不同类型石材常常混用，通过不同色彩、质感、线形的变化达到独特的效果。铺贴时应注意色差，面层应做防污处理，浅色石材里侧还应涂柏油底料及耐碱性涂料，以防水泥砂浆的灰泥渗出。

石材不论铺设在地坪、墙体或柱体，都要进行基层处理。地面铺设石材是在完成顶棚、墙立面后进行的，要求地坪平整、清洁，并于24小时前洒水湿润。如混凝土地坪很光滑，则应凿毛，以防铺设时产生"空鼓"。

地面铺设石材的注意事项有以下几点：

(1) 找基准：水平基准弹线在墙体上，以室内中心点弹出纵向、横向基准线；

(2) 铺设前应试拼、试排，注意花纹、色差，并作记号，以免出错、返工；

(3) 铺设用水泥浆可采用纯水泥浆或1∶2的水泥细砂浆，12小时后洒水保养，24小时后清理石材表面、沟缝等；

(4) 石材背面批浆应均匀、饱满，铺设时水平放下，避免因重力而引起错位，而后用橡胶锤拍实；

(5) 每铺一行后检查水平度和纵向、横向直线度；

(6) 石材铺设后须打蜡、保养。

7. 地毯地面

地毯在室内空间中可以满铺或者使用块毯来局部铺装。满铺地毯使用钉条或胶粘剂来固定地毯，可使室内具有宽敞感、整体感，但不易清洁，地毯磨损不均匀，且难于移动；块毯直接浮铺于已完成的地面材料上，可因保洁等需要而随意移动，并能够界定一个独立区域，形成房间中的焦点。地毯具有良好的抑制噪声功能，且温暖、防滑、有弹性，特殊的质地和色泽使其呈现出高贵和典雅，且图案、花色繁多，铺设工艺简单，更新方便，是一种既具实用价值又具装饰性的中、高档的地方装饰材料。缺点是容易赃污、滋生细菌和藏污纳垢，耐用性不高，维护、保养也较麻烦。地毯的选择，除了满足整体风格、气氛外，还应考虑使用的环境条件、通行密度、动静的负载大小及价格等问题。通行量、负载大的空间，应选用耐磨、耐压、回弹性好、耐污性能好的地毯。

8. 水磨石地面

水磨石是按设计要求，在彩色水泥或普通水泥中加入一定规格、比例、色泽的色砂或彩色石渣，加水拌匀作为面层材料，铺敷在普通水泥砂浆或混凝土基层之上，经成型、养护、硬化后，再经洒水粗磨、细磨、抛光、切边（预制板）、酸洗、面层打蜡等工序而制成。水磨石按面层水泥可分为普通水磨石和美术水磨石，用普通水泥制成的称为普通水磨石，用白水泥或彩色水泥制成的称为美术水磨石。水磨石生产方便，既可预制，又可在现场磨制。

9. 自流平地面

水泥自流平是由水泥、细骨料及添加剂经一定工艺加工而成的，在现场加水搅拌后即可使用的高强、速凝材料。使用面极其广泛且施工操作简单、迅速，用料省，薄而耐磨，美观大方。其平滑无缝、不发尘、不积垢、易于清理，且具有高机械强度及耐药性、耐磨耗，安全防滑，外型美观。自流平地面施工简单、造价低廉。以水泥为基本的地面自流平材料，可以采用手工或泵送施工，具有良好的平整度，施工效率快，表面耐磨、不起砂。

10. 榻榻米地面

榻榻米是日本传统风格的地面铺装材料，它是采用优质的生态稻草经过净化、熏蒸、防腐、防虫处理，用日本传统工艺精工制作而成的垫子。榻榻米平坦光滑、草质柔韧、透气性好、色泽淡绿、散发自然清香，赤脚走在上面，可时刻按摩通脉、活血舒筋。榻榻米具有良好的防潮性，冬暖夏凉，有调节空气湿度的作用。榻榻米可在最小的范围内，展示最大的空间。榻榻米铺设的房间，隔声、隔热、持久耐用，而且其搬运方便，更换简单清洁容易，可用于日式风格的各种空间中。

4.1.5 顶棚

顶棚是室内空间顶界面，是室内整体环境中的重要元素。其又称"吊顶"，可通过各种材料及形式组合，形成具有功能和美感的部分。顶棚与人接触较少，较多情况下只受人的视觉的支配，但与建筑结构的关系密切，受其制约较大，同时又是各种灯具、设备相对集中的地方。

1. 石膏板吊顶

一般在顶棚上用膨胀螺栓固定已焊接角铁的吊杆，将轻钢龙骨吊件连接在吊杆之上，再连接主龙骨与次龙骨，用螺丝将石膏板拧在龙骨之上，表面刮腻子刷涂料。石膏板吊顶重量轻，根据要求可达到防火、防潮标准，具有施工速度快、简单易行、装饰效果好等优点，应用广泛（图4-10）。

● 图4-10　石膏板吊顶（北京脑血管病医院）

2. 矿棉板吊顶

一般矿棉吸声板吊顶表面无须再做处理，具有很好的吸声效果，有质轻、防火、保温等优点。施工方便，多用企口或榫槽与龙骨配合，分明架、暗架两种。明架矿棉板直接搁置在龙骨上，暗架矿棉板需插入龙骨中。多用于办公、医院、商场等处。

3. 硅钙板吊顶

是公共空间室内中常用的一种吊顶形式。它的优点是安装简便快捷，在投入使用后，还能随意打开进行顶部电路或设备的检修，而不会破坏外观的效果。

4. 铝扣板吊顶

这种吊顶自重轻、高强、防火、防水、防潮、构造简单、组装灵活。通过搁置、卡接、钉固等方式与龙骨连接配合。适用于办公、厨房、卫生间等空间。

5. 铝格栅吊顶

外观由简单的几何形构成，有方格、金花格、三

图 4-11 三角形格栅吊顶（北京地铁站）

图 4-12 片状格栅走廊吊顶

角格和六边格等。在视觉上能将顶棚多余空间和其他建筑物装置加以隐藏，吊顶内任何一部分单元组块，均可轻易独立拆下和更换，对于顶棚的其他装置，如照明、防火、电力、水管、空调等系统的安装、维修与保养，更方便。铝格栅棚具有阻燃、抗静电之特性。在灯光的作用下，铝格栅棚的光影韵律变化丰富，适用于大型公共空间（图4-11、图4-12）。

6. 吊顶软膜顶棚

又称软膜顶棚、柔性顶棚、拉展顶棚、室内张拉膜、拉膜顶棚与拉蓬顶棚等，产于法国，是一种高档的绿色环保型装饰材料。具有品种多样的材质及颜色，因为它的柔韧性良好，可以自由地进行多种造型的设计，用于曲廊、敞开式观景空间等各种场合，无不相宜。它具有以下特点：造型随意，色彩多样；防霉，抗菌，抗老化；良好的绝缘防水功能；隔声隔热，节省供冷、供热能源费用；不挂尘，防油烟，防火阻燃；无毒无味，安全环保；安装、拆卸方便；具有理想的声学效果（图4-13）。

图 4-13 软膜顶棚（中央美术学院美术馆）

4.1.6 楼梯

出于结构、功能和审美等方面的考虑,多数楼梯会将若干种材料结合使用,楼梯用材包括结构用材和饰面用材,而实际上,楼梯的表和里是一种难于区分的模糊概念,多数用材兼具结构与装饰功能。按主体结构所用材料区分,包括木楼梯、钢筋混凝土楼梯、钢楼梯和玻璃楼梯等。木楼梯自然、质朴;钢筋混凝土楼梯由于可塑性大、防火、坚固耐久而应用普遍;钢楼梯常用线、面来显示轻薄纤细的外观;玻璃楼梯容易体现玲珑剔透的特点。

1. 扶手栏杆

在满足功能要求的同时,兼顾美观原则,扶手的材质多用具有温暖触感的木质、易于造型的不锈钢等材质,栏杆与栏板多用木材、金属、玻璃以及石材、砖、水泥等材料制成(图4-14)。

● 图4-14 扶手围栏(中央美术学院美术馆)

● 图4-15 石材和玻璃加工的楼梯踏步

2. 踏步饰面

常用的选材原则与地面材质基本相同,石材、木材、玻璃、瓷砖、金属、地毯等都可使用。在设计时无论采用哪种饰面,都要考虑防滑问题的处理(图4-15)。

4.1.7 门

门在建筑上来说主要功能是起围护、分隔和交通疏散作用,并兼有采光、通风和装饰作用。其中交通运输、安全疏散和防火规范决定了门洞口的宽度、位置和数量。门按位置分为外门、内门;门按材料分为木门、钢门、铝合金门、塑料门;门按开启方式分为平开门、弹簧门、推拉门、折叠门、转门、卷帘门。

1. 实木门

实木门是以取材自天然原木做门芯,经过干燥处理,然后经下料、刨光、开榫、打眼、高速铣形等工序科学加工而成的。实木门所选用的多是名贵木材,如樱桃木、胡桃木、柚木等,经加工后的成品门具有不变形、耐腐蚀、无裂纹及隔热保温等特点。同时,实木门因具有良好的吸声性,而有效地起到了隔声的作用。实木门天然的木纹纹理和色泽,透着一种温情,外观华丽,款式多样,但价格一般较高。

2. 实木复合门

所谓实木复合门,一般是指以实木作为主材,外压贴中密度板作为平衡层,以国产或进口天然木皮作为饰面,经过高温热压后制成,外喷饰高档环保木器漆。一般高级的实木复合门,其门芯多为优质白松,表面则为实木单板。由于白松密度小、重量轻,且较容易控制含水率,因而成品门的重量都较轻,也不易变形、开裂。另外,实木复合门还具有保温、耐冲击、阻燃等特性,而且隔声效果同实木门基本相同。

由于实木复合门可作多样造型,款式丰富,门不仅具有手感光滑、色泽柔和的特点,还非常环保,坚固耐用。相比纯实木门昂贵的造价,实木复合门的价格更加合理。80%以上的高档装修中均采用成品实木复合门(图4-16)。

● 图4-16 实木复合门截面效果(百安居)

3. 玻璃门

包括无框玻璃门和有框玻璃门，玻璃门可最大限度地保持通透效果，但密闭性较差。常用于商场、酒店等公共的场所。玻璃门一般要安装地弹簧，它的旋转角度是180°，所以无论是推或是拉都能正常开启玻璃门。另外，玻璃门还有自动感应门和旋转门的做法。

4. 门套

在门洞周边用木材、石材、金属等包起来保护洞口和起美化作用的叫门套。门套的作用有两个方面：一是保护门边，未装门套的门边角是经粉刷的，经常进出及搬运东西容易将其碰缺，安装门套可起加固和保护作用；二是装饰装美观，安装门套呈现立体效果，且与墙面颜色不同。门套的宽高是根据墙洞的宽高而定的，门套的宽窄是根据墙的厚度而定的；门套的大小不取决于门扇的大小和型号；门套可以配同规格的任何款式的门。

5. 门拉手

门拉手的材质可选用不锈钢的、铜的、木质的等。钢质的和铜质的拉手在冬季的北方会给人冰冷的触感；相反，木质拉手则会给人以温暖的感觉。锁的选材根据防锈的要求通常采用不锈钢或铜质的，室内门的锁一般常与拉手相连为一体。

6. 闭门器

可以保证门被开启后，准确、及时地关闭到初始位置。其一头钉在门框上，一头钉在门上，作用是：当门被风吹得将要"砰"地一声撞到门框时，它能减慢门的速度，防止门快速撞到门框上。一般有防火、密闭、保温等特殊要求的门必须安装闭门器，同时起到隔声、保护门和框的作用。液压型的可以开门到110°定位，小于90°可以自动关闭，弹簧的不定位，但可以调节弹簧的力度的大小。

4.1.8 窗

窗户的作用，不只是用来看一看外面风光的，在很大程度上，决定了我们生活的质量，但有时，许多问题我们根本不会注意得到。建筑是我们的栖息之所，是我们自己营造的一个相对独立的小环境，挡风避雨，遮阳隔声，保护人们不受到任何来自外界的因素的侵扰。相对的独立，是因为我们不可能完全脱离外界的环境而独自生活，而需要室内、室外能有一个合理的交流与互换。在这个小环境中，我们需要有合适的温度、湿度、空气和光线，还要有适合自己的声音环境。我们需要窗户能透进光线，那么随着阳光而来的就会是多余的热量。我们需要窗户能通风，那么随着流通的空气而来的，也许就是灰尘和蚊虫。问题往往会随着人的需要而来。

对于窗户的材质，并不难选择，总的来说，可分成三大类：木质、塑钢、铝合金。三者各有所长。

1. 塑钢

塑钢门窗是继木、铁、铝合金门窗之后，在20世纪90年代中期被国家积极推广的一种门窗形式。由于其价格较低，性能价格比较好，现仍被广泛使用。这种窗户的边框是以聚氯乙烯(PVC)树脂为主要原料，加上一定比例的稳定剂、着色剂、填充剂、紫外线吸收剂等，经挤出成型材；是现代建筑最常用的窗户类别之一。因为是塑料材质，所以重量小，隔热性能好，而且价格相对较低。因为经常要面对风吹雨打、太阳晒，所以最让人关心的是塑钢窗的防老化问题。实际上，高品质的塑钢窗的使用年限可达100年左右。

塑钢窗具有很好的防水、防潮的性能，不宜变形，密闭性较好，塑钢窗常用于住宅。一般由工厂加工，经现场安装（图4-17）。

● 图4-17 最常用的塑钢窗（百安居）

2. 铝合金

铝合金因为是金属材质，所以不会存在老化问题，而且坚固，耐撞击，强度大。但铝合金窗最容易被攻击的一个弱点就是隔热性能，因为金属是热的良导体，外界与室内的温度会随着窗的框架传递。所以，在有的铝合金窗户上采用了"断桥"技术，即在铝合金窗框中加一层树脂材料，彻底断绝了导热的途径。

3. 木质

木质应该是最为完美的窗体框架材质，无论从隔热、隔声等角度来说都有明显的优势，而且与生俱来的质感和自然花纹更为让人心动。虽然是木质，但实际上有的用于做窗框的实木已经经过了层层特殊的处理，不仅没有了水分，要求更高的甚至被吸去了脂肪，这样一来，所谓的木质实际上已经如同化石一样。经过处理后的实木，只保留了木材的外表，品质却完全不一样了，不会开裂变形，更不用担心遭虫咬、被腐蚀，而且，强度也大大增加。此外，还有一种框架结构被称作铝包木，木质框架的户外部分为一层铝合金结构，实际上，这是综合了木质框架的隔热性好以及铝合金强度高的优点，合而为一，扬长避短。

4.1.9 柱

柱（column）是工程结构中主要承受压力，有时也同时承受弯矩的竖向杆件，用以支承梁、桁架、楼板等。柱按截面形式分有方柱、圆柱、矩形柱、工字形柱、H形柱、T形柱、L形柱、十字形柱、双肢柱、格构柱。按材料分有石柱、砖柱、木柱、钢柱、钢筋混凝土柱、钢管混凝土柱和各种组合柱。

1. 石柱

分作为结构用的实体石柱和表面装饰石材的石柱，后者为现代常用的做法，一般是在钢筋混凝土柱表面用干挂石材作装饰饰面。

2. 木柱

中国古建筑中常用石木支柱，用来支撑梁架结构。随着现代技术的进步，以及环保要求，这种作为结构的木柱已很少用，而是在钢筋混凝土支柱表面采用木贴饰的做法来达到木柱的表面效果。施工做法为首先在钢筋混凝土柱表面作钢架，再将细木工板固定在钢架上，表面贴实木夹板。

3. 钢柱

一般作为现代建筑中的结构性柱，起到支撑结构的作用，根据设计要求可将钢柱表面喷漆。钢柱可以节省空间和占地面积，使空间更开阔，一般用于低层建筑。

4. 钢筋混凝土柱

是现代建筑的承重性柱，与梁形成框架结构承接楼板，表面可作各种材质的处理，也可直接外露，表面刷清漆。

5. 铝板饰面柱

铝板饰面柱价格适中，一般用于地铁站、飞机场等大空间中，具有很好的防火、防潮性能，施工方便，在钢筋混凝土柱表面做钢架，把成块的预制铝板用构件挂在钢架上即可。

6. 瓷砖饰面柱

与瓷砖墙面的做法相同，但要根据柱子直径的大小排列砖的模数，圆柱更适于小块瓷砖的贴饰。

4.2 材料工艺的综合运用

设计师对原材料的半成品加工方式又赋予了材料的其他情感。同样是瓷砖，不同肌理、图案、色彩，带给人的感受是完全不同的。设计的独创往往不仅限于造型本身，而更多的是由材料应用的创新、工艺方法的创新带来了新的造型。研究材料的深加工性，形成在材料的材质、结构、色彩、肌理、连接等方面的多样选择。

"材料特性决定了一定的加工方法和艺术方法，例如金属加工中的锻造、浇铸成型、锻造、退火、淬火、镶嵌、金银错等；木工艺中的锯、刨、凿、钉、榫接等；纤维工艺中的编织、绣、纺、捻等一系列与之相应的工艺技术——不同的材料具有不同的性能，其加工方法也不一样，设计师必须考虑到这些要素。每种材料都有适合表现的领域，在材料设计中要扬长避短，使材料的表现力得到充分的发挥。如果想用木质材料仿成不锈钢材料的造型和材质效果，那是非常困难的事情，不论怎样加工和处理，木材也没有不锈钢那样的高亮度和折射感。"❶

4.2.1 石材工艺

石材饰面板的安装施工方法一般有"干挂"和"湿贴"两种。通常采用"湿贴"方法的石材饰面板是规格较小(指边长在40cm及以下)的饰面板，且安装高度在1000mm左右。规格较大的石材饰面板则应采用"干挂"的方法安装。

1. 石材湿贴：

"湿贴"主要用于地面工程还有一些内墙及个别三层以下的外墙面还采用湿铺法。湿铺的主要优点是造价低。湿铺的铺贴砂浆材料选择、配合比的控制是相当重要的，不同的板材、不同的部位，要选择不同的粘结材料和配合比。

铺板材用的水泥宜用强度等级为32.5的硅酸盐水泥或强度等级为32.5的普通水泥，白水泥宜选用强度等级为42.5的普通水泥。

铺地面用的配合比宜采用水泥：砂＝1：3.5的硬性水泥砂浆。粘结层采用水泥：108胶＝10：1的水泥浆。

墙面花岗石湿铺灌浆的厚度应控制在3～5cm之间，其砂浆配合比宜采用水泥：砂＝1：3，稠度控制在8～12cm，并应分层捣灌，每次捣灌高度不宜超过石板材高度的1/3，时间距离最少为4小时(水泥砂浆初凝)。对浅颜色、半透明板材(如汉白玉、大花白)，宜用白水泥作为粘结砂浆。对拌料用砂纯度要求比较严格，拌料用砂不能有杂质，不能含有泥、土，并要同一颜色，避免粘结砂浆的颜色渗透到表面。

花岗石湿铺的一个主要缺点是墙面经常看到缝隙中淌白浆，影响装饰效果，这种现象产生的主要原因是施工时水泥中的氢氧化钙从板材的接缝或空隙中渗出来，与空气中的二氧化碳反应成白色的碳酸钙结晶物。为避免这些缺陷，在铺贴前必须将花岗石板的背面刷洗干净，然后刷上一层1：1的108胶水泥灰水进行封闭，待干凝后再铺贴。这样，可以最大限度地预防墙面缝隙淌白、返浆。

为减少和避免墙面缝隙淌白、返浆，铺贴花岗石板时灌浆的工序十分重要，灌浆时，一定要饱满、密实，不能有空鼓的现象。

2. 石材干挂

干挂石材饰面是石材安装在建筑物表面的一种新型施工工艺，它主要的优点是不受施工环境控制、

---

❶ 王峰著. 设计材料基础. 上海：上海人民美术出版社，2006：31.

减少湿作业、提高工效、减轻建筑物的自重、克服了水泥砂浆对石材渗透的弊病(图4-18)。

图4-18　干挂石材节点

石材干挂相当长的一段时间属于无序管理，石材挂件五花八门，有镀锌铁件，也有镀铬铁件。个别单位为降低成本，以次充好，采用处理的"不锈铁"焊接头挂件，留下安全隐患。国际304不锈钢的强度为530～620MPa，7075铝合金挂件强度为540～560MPa，"不锈铁"仅为160～180MPa，显然"不锈铁"的强度仅为不锈钢和铝合金的30%，根本不适应于作为石材幕墙挂件。

长期以来，相当多的操作工人有采用大力士胶替代石材干挂胶作为挂件粘结用胶。这也是一种错误的施工方法。大力士胶是石材与石材之间的相互粘结用胶。它是不能用于石材与金属间的，因其粘结强度比石材干挂胶低很多倍，勉强代用将留下安全隐患，况且不符合国家相关标准。

石材干挂的附属材料主要是挂件和干挂胶。标准的挂件应符合《金属石材幕墙工程技术规范》(JGJI 33—2001)的要求。干挂胶应符合《干挂石材幕墙用环氧胶粘剂》(JG 887—2001)的要求。对于高层石材幕墙的干挂一定要经过计算和设计才能进行施工。目前我国相应的设计标准已出台，要严把质量关，防患于未然，坚持杜绝一切安全隐患。

干挂石材幕墙由于具有诸多优点，尽管造价较高，但还是被广泛应用。其施工技术规范也在不断完善，相信石材幕墙将为城市建设的繁华发挥应有的作用。

4.2.2　金属工艺

金属加工是金属零部件加工的统称，特指根据工程图纸进行的加工。通常所说的金属加工，主要涉及弯曲、切割、成型及焊接、电镀、雕刻、铆接、螺栓等工艺过程。

1. 焊接

常常使用在金属材料的拼接中，包括了电焊、气焊等焊接方式。将金属材料进行连接固定，焊接方式是运用广泛的一种合成手段。

铸造模压作为一种成型极为便利的工艺手法，适用面十分广泛。它主要是使材料呈软化流动状，再通过一定的模具压铸成型的，随着科学技术的不断发展，这种加工工艺所使用的材料范围也越来越广泛，精细程度也越来越高(图4-19)。

2. 铸造

是将金属熔炼成符合一定要求的液体并浇进铸

图4-19　漂亮的金属焊接工艺效果(雕塑艺术品)

图4-20　铁艺装饰(西班牙米拉公寓)

型里，经冷却凝固、清整处理后得到有预定形状、尺寸和性能的铸件的工艺过程。铸造是人类掌握较早的一种金属热加工工艺，已有约 6000 年的历史。公元前 3200 年，美索不达米亚出现铜青蛙铸件。公元前 13～前 10 世纪之间，中国已进入青铜铸件的全盛时期，工艺上已达到相当高的水平，如商代的重 875kg 的司母戊方鼎、战国的曾侯乙尊盘和西汉的透光镜等都是古代铸造的代表产品。

3. 锻造

是利用锻压机械对金属坯料施加压力，使其产生塑性变形以获得具有一定机械性能、一定形状和尺寸锻件的加工方法。它是锻压的两大组成部分之一。通过锻造能消除金属的铸态疏松，焊合孔洞，锻件的机械性能一般优于同样材料的铸件。锻造用料主要是各种成分的碳素钢和合金钢，其次是铝、镁、钛、铜等及其合金。材料的原始状态有棒料、铸锭、金属粉末和液态金属等。金属在变形前的横断面积与变形后的横断面积之比称为锻造比。正确地选择锻造比对提高产品质量、降低成本有很大帮助。

锻造工艺主要运用在金属材料方面，它能够充分地发挥金属板材的延展性。在空间中产生体积变化而锻造成型中的金属是以固态平板状出现的，人们可按设计意图将其敲打成立体起伏的形体(图 4-20)。

4. 折弯

金属板材的弯曲和成型是在弯板机上进行的，将要成型的工件放置在弯板机上，用升降杠杆将制动蹄片提起，工件滑动到适当的位置，然后将制动蹄片降低到要成型的工件上，通过对弯板机上的弯曲杠杆施力而实现金属的弯曲成型。最小折弯半径是成型金属的延展性和厚度的函数。对于铝板来说，金属的折弯半径要大于板材的厚度。折弯时，由于有一定的回弹，金属折弯的角度要比要求的角度稍大一些。金属板材的折弯是在金属加工车间进行的。

尚巴展厅空间的隔断是将钢板先行折弯后焊接而成的，形成的材料肌理效果具有力度感，在遮挡的同时具有一定的通透性(图 4-21～图 4-23)。

● 图 4-21　金属隔断运用金属折弯工艺制作

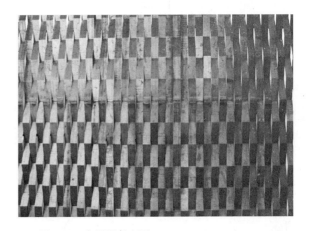

● 图 4-22　金属隔断立面

● 图 4-23　金属隔断侧立面

5. 锈蚀

金属或合金由于和周围所接触气体或液体进行化学反应而损耗的过程,称为金属的锈蚀。金属锈蚀的本质是金属原子失去电子变成阳离子的过程,也就是金属氧化的过程。

金属锈蚀的原因有以下几种:

(1) 化学锈蚀:金属与非电解质接触发生化学反应而引起的锈蚀,称为化学锈蚀。这种锈蚀只发生在金属表面且锈蚀过程也较简单;

(2) 电化锈蚀:金属和电解质溶液接触而引起的锈蚀是金属锈蚀的主要形式。例如:海水中船体的锈蚀,金属制品在潮湿空气的锈蚀。

一般我们会将金属上油漆或是电镀来保护金属不被锈蚀。然而在设计中经常有设计师会利用金属的锈蚀大做文章,形成非常特殊的效果(图4-24)。

● 图4-24 工人在为金属表面涂刷防锈漆

4.2.3 传统工艺

老工艺经过新的设计处理而变得异常的新鲜。其实,室内装饰材料在过长时间的发展中,加工工艺和复合式概念的渗透比材料本身的变化多得多,同种材料在不同的加工工艺下展现出焕然一新的面貌,被设计成各种各样的外观及加入各式的加强功能,可以全新的或以代替模拟某种不合理材料的方式出现,以适合不同的环境,满足人们的各种品味和需要。

1. 金箔和银箔

真正的金箔是用真金打造而成的,大小在10cm×10cm左右。它非常薄,用手无法拿起,买来的金箔夹在毛边纸中,要配以专用的镊子夹起。大概一两金子可以制成接近平铺篮球场大小的金箔。金箔有几种,根据不同的含金量而有所不同,含金量高的偏黄,低的则偏红。

就室内设计而言,当今设计师们选择的形体造型日趋洗练。线条造型或图案化的造型已不再过多出现在室内,取而代之的是块面化。可是,块面化的结果尽管看起来清爽干净,但人们总觉得它清汤寡水的,于是如何将其表面肌理化、戏剧化便是设计师们探讨的主题。

金箔作为表面材料,大面积地使用于现代室内,乍看起来有点奇怪,好像有点远离现实。但是,人们尽管在社交上极力地隐瞒对贵族地位的渴望,但实际上内在追求却永远都抹不掉。聪明的设计师便抓住了这种心理,把金箔平民化了。这种方法便是,改变传统的线性饰金观念,走块面化道路。传统上的雕金错银显得零碎而繁琐,完全不适合当今的审美取向。所以,对于箔类饰面,得法的方向是,大面积地铺设,用豪气把传统的金银视觉给弱化了。体量的改变实际上对金箔的视觉产生了很大的改变。这种手法的结果是:略有朴素,略有贵气,略有现代,略有怀旧。国内室内设计开始采用贴金箔工艺也是近年的事,数量还不多。金箔作为一种特殊的材料,对工艺要求是严谨的。通常而言,有三种技法可以采用。

首先是水法贴金,也叫意大利法,对室内而言,这种方法最地道。过程是,在干净的表面涂上一种底漆,抛光后再加上色底,用水把金箔贴上后抛光保护,然后加上做旧料,便成了一种隐约有光泽的柔和的金饰表面。这种做法的工程费用比较昂贵。

在人们几乎都用快餐态度对待装修的今日,油法和快速法便受到了青睐。油法比较适合户外,比如招牌字的表面。快速法则用一种简装的胶水用金属箔粘上后再作表面效果处理。在使用仿金箔和染色箔时，快速法便是最佳选择。

理论上讲，金箔可用在任何场所，但就质感而言，恐怕在大场所里比较容易显示其特性。案例表明，公共场所，如比较国际化的星级酒店、有概念有主题的娱乐场所、引领时尚的个性餐厅和大空间住宅，都比较适合金箔所营造的贵族气质，而不显得夸张造作。实际上，只要根据具体场所和相应的设计元素作适当的变化，无论在什么场景，这种金属箔所带来的经典品味和时尚视觉一定会让喜爱创造的设计师感到充实和满足。

金箔的施工工艺有以下几种：

（1）首先要把装饰金箔的表面处理平滑，不可有灰尘等污垢；

（2）在要贴金箔的表面薄涂生漆；

（3）用上好的生宣纸或毛边纸，要薄一点，吸水性要好，以安徽产的为佳，把表面的漆液吸去，如果是用的胶水，那么一定要用生宣纸来吸去胶水。把生宣贴在涂过漆液或胶水的表面，同时用纯棉布（要质地柔软的）包裹棉花拍打，使宣纸充分接触表面，然后把宣纸用镊子揭去，用一张新的宣纸再吸。这样反复3～4遍；

（4）当被贴表面胶水或漆液被吸得只剩下很薄的时候就可以开始贴金箔了。把金箔连同毛边纸用镊子夹起，把金箔的一面贴在物体表面，手法一定要轻，金箔粘在物体表面，可以用嘴轻轻的吹一下，使金箔平展；

（5）待全部干燥以后表面可以上一层明油。如果是用胶水贴的则表面要涂保护胶，也见过在表面涂（喷）透明漆的。

2. 金银错

金银属贵重金属，在先秦时代即被贵族用来镶嵌于青铜上作为饰物，在铜器上错金银，习称"错金银"或"金银错"。金银错之"错"已用为动词，其意即用厝石加以磨错使之光平。

金银错的工序是先在铜器表面预制出浅凹的纹饰或字形，特别精细的纹饰是在铜器铸成后于器表面用墨笔绘出纹饰，按纹样用硬度较大的工具錾刻浅槽，以上纹饰铭文浅槽，底面皆需制成凹凸不平状。然后在浅槽内嵌入细薄的金银片或金银丝，用厝（错）石或其他材料磨错，使嵌入的金银片（丝）与铜器表面相平滑，最后在器表用木炭加清水进一步打磨，使器表增光发亮，从而利用金银与铜的不同光泽映衬出各种色彩辉煌的图案与铭文。

在东周时期，铜器嵌错工艺即已相当发达，其方法是在铸好的铜器表面上镶嵌其他物质材料做成的丝或片，再用蜡石在铜器表面磨错平整，构成纹饰和文字，反差明显，比映生辉。所嵌的材料有金、银、红铜、宝石、绿松石等。

金属饰件发展至清代已使用相当普遍，工艺上亦相当精细和成熟。在技术上有错金、错银等。

3. 鎏金

是自先秦时代即产生的传统金属装饰工艺，是一种传统的做法，至今仍在民间流行，亦称火镀金或汞镀金。在东周和汉代以后均颇为流行，是当时最值得称道的铜器表面装饰工艺之一，先后被称为黄金涂、金黄涂、金涂、涂金、镀金，宋代始称鎏金，现代叫镀金。这种工艺程序如下。

（1）将黄金锻成金箔，剪成碎片，放入坩埚内加热至400℃左右，然后倒入汞，加以搅动使金完全溶解于汞中，然后倒入冷水中使之冷却，逐渐成为银白色泥膏状的金汞合剂，这种液体俗称为金泥，此一工艺过程通称"煞（杀）金"。

（2）用磨炭打磨掉铜饰件器表面铜锈后，用"涂金棍"（铜制，将其一端打扁，用酸梅汤涂抹后浸入汞内，反复多次，使之沾上一层汞，晾干即成）沾金泥与盐、矾的混合液均匀地抹在被器物表面，边抹边推压（现代匠师称此手法为"拴"，三分抹七分拴），以保证金属组织致密，与器物粘附牢固。此一工艺过程通称"抹金"，涂在欲镀铜饰件的表面。

（3）以适当的温度经炭火温烤，使水银蒸发，黄金则固着于铜器上，其色亦由白色转为金黄色，此一工艺过程通称为"开金"。如要求金属较厚，即要将上述过程反复多次（在实际操作中经过四次鎏金的铜件，金层厚约为$36\mu m$）。

(4) 用毛刷沾酸梅水刷洗，并用玛瑙或玉石制成的"压子"沿着器物表面进行磨压。使镀金层致密，与被铸器结合牢固，直到表面出现发亮的鎏金层。此一工艺过程通称"压光"。再经过清洗压光等工序，一件精美的铜饰件便诞生了。

在古代铜饰件装饰中还有鎏银，其工艺方法与鎏金相近同，亦是用银、汞剂抹于器表。鉴别一件器物表面是否经鎏金，主要是标识其表层是否残有汞。鎏金工艺发展到汉代已达到高峰，汉代贵族墓葬多有鎏金之器，且不像战国时期只施于小件，而是有了不少大件鎏金器，并往往鎏金工艺与鎏银、镶嵌等工艺相结合，集多种铜装饰工艺于一体。

总之，鎏金使铜饰件鎏金既可美器，又可护器，所以一直沿用至今。不过鎏金铜饰件的制作工艺比较复杂，用料也比较贵，当然也就不是普通百姓所能用得起的了，所以家具上铜饰件鎏金的是比较华丽的一种，此工艺一般用于高级家具。

4. 饰珐琅

珐琅是以硅、铅丹、硼砂磨碎制成的粉末状的彩料再填于金、银、铜瓷等器胎上经烘烧而成的釉。珐琅有掐丝珐琅、錾珐琅和画珐琅三种，其中的掐丝珐琅俗称景泰蓝。景泰蓝材料是由金、银、紫铜、釉料、烧制而成，经插、点、磨、烧、镀等十余道工序精制而成，创始于元末明初时期，到了景泰年间，广泛流行。当时，以蓝色釉最为出色，习惯称为景泰蓝。掐丝珐琅是瓷铜结合的独特工艺，是以红铜制胎，用细而窄的铜丝掐成花纹轮廓线，焊接在胎体上，再填各色珐琅釉料，入炉烧炼，经磨光、镀金而成。掐丝珐琅色彩丰富，图案规整多变化，釉料丰满，镀金厚重，造型古朴淡雅；錾珐琅是将铜胎由铸造、锤焊而成，錾出凹凸不平的图案，凹处再点珐琅釉料，磨光、镀金，使器物显得富丽堂皇，有着庄重而醇厚的艺术效果；画珐琅用珐琅釉在器物的胎上画出各种图案烧制，工艺简单，图案变化多样。主要受西方工艺的影响，清晚期画珐琅器物比较多。清代帝王对珐琅的制作极为重视，康熙初年建立的宫廷造办处内设有"珐琅作"。根据宫中的需要达到了空前的繁荣局面，生产规模庞大，数量多，制作精细，风格独特。

5. 錾花

是用錾凿打成，錾刻纹饰显然需要以坚硬锋利的錾刻工具为前提，此种工具可能是铁工具以至钢工具。因此錾花工艺通常使用钢制的各种形状的錾子，用錾、抢等方法雕刻图案花纹。在铜饰件上錾花是常用的一种工艺方法，可令饰件增色不少。

6. 刻划

刻划是在铜饰件或金属饰件表面用雕刀戗划出各种美妙的纹理（花纹图案），不少刻划的图形线条流畅，刻纹细如毫发，甚至有些刻划工艺像一幅幅构图优美的装饰画，这种图案花纹有深有浅，富有艺术感染力，令饰件增色不少。有的还在纹路中嵌进极细的金银丝，加工处理后显出很强的光泽，从艺术效果来看，颇有古风盎盎、光采豪健的气质。也有在铁板上錾阳纹、锤上金银丝的镀金金属件。

7. 铜的髹漆处理

有些铜饰件上还用填漆的方法来制作纹饰，甚至还使用了髹漆工艺。在铜饰件表面髹漆与外镀金属的用意相近，即一方面是为使饰件表面更加美观，另一方面也为防止金属锈蚀，对于髹漆工艺来说，前一个目的更为主要。此种工艺在殷代即已使用。战国时期，铜器髹漆工艺有较大的发展，这种工艺常表现为以下三点：其一，将髹漆与磨错工艺结合，此一阶段的铜器往往在錾槽内不嵌金银，而填以漆，有的既嵌金银，又在未嵌金银处填漆（或在漆内掺以银粉），然后磨错光平以增加纹饰的色调；其二，髹漆已不限于填纹饰，而且直接髹于素面铜器表面进行着色；其三，此种工艺已在较广阔的地域流行。至西汉时期，铜器上已见有用漆彩绘花纹或图像的工艺。

8. 沥粉

沥粉画源于我国古代建筑上的漆艺之一（图4-25）。沥粉画是以凸出的线条为作画媒介，润色时是色与色之间的界限。沥粉画的材料需要特殊配制。作画时，根据构图要求使沥粉材料从工具口中沥出在画布或画板上。沥粉线条的粗细均匀全是手上工夫。虽然沥粉画创作过程是脑与力相结合的过程，但沥粉材料是否稀稠适宜也是作画成功与否的关键。

图4-25　沥粉效果

沥粉画在艺术风格上强调装饰性。由于沥粉画是以凸出的线条为主要表现形式，因此制作者在体现自己的艺术创意时，往往以我国传统图案为主要造型手段。并且吸取民间艺术的特点，在形象刻画和色彩处理上可根据自己对艺术的理解，加以适当地变形和夸张，力求动与静、疏与密、简与繁，以及黑与白，冷与热等艺术要素相结合。有时为了更好地表现艺术效果，制作者在作品中往往镶贴金银箔或嵌以其他多种特殊材料，使画面更加富有装饰情趣。

4.2.4　材料的受力与变化

设计师对原材料的半成品加工方式又赋予了材料的其他情感。材质加工后可以形成全新的改变。

"材料的视觉形态与接受者形成一定的情感沟通。经过加工工艺后的材料以点状、柱状、面状、块状等形态与我们的情感世界相对应，这种由单一材料传递的情感有时会显得相对的脆弱。生活环境向我们提供着大量的异质材料构成的视觉审美体验。"❶

1. 雕琢

是一种运用较为广泛，具有相当历史的成型手段之一。雕琢手段的加工方法通常有直接用刀和其他器具进行刻制或通过锤子等施加外力进行的运作，从而形成体块感，塑造形态。

2. 合成

是通过各种连接方式将一定的材料制成一定的形状，组合于同一空间之中形成造型形态，既可是单一材料的运用也可任意选择两种或更多的材料共同使用于一体。

3. 粘接

也是一种针对不同材料造型的手法，通常采用水泥、环氧树脂、建筑胶等胶粘剂进行同类或相异材料的固定连接，产生相应的形态造型。

4. 编织

是把原本分散的材料根据经纬线交叉排列的制作原理，依照一定的设计法则来构造形体的一种方法。编织的材料种类繁多，涉及到麻、棕、藤、竹、草、柳等各种经过简易加工的植物纤维材料，也广泛运用于各种人造材料的毛线、丝线、玻璃丝、金属线、塑料线等。

5. 捆扎

是指对于两个以上彼此分离的体块通过对其钻孔打眼，或是直接用各种线状材料进行捆绑扎紧，达到相互灵活连接并相应固定的目的，使其结合为一体的技术手段。

---

❶　王珠珍，陈耀明著　综合材料的艺术表现［M］. 上海：上海大学出版社，2005.

第 5 章 材 料 问 题

建筑装饰材料在使用过程中须考虑很多与艺术无关的技术问题，比如材料的质量、污染、防火、防水、资源等，这些方面直接影响到材料的选定。可以用在室内环境中的材料很多，但要合理运用则比较困难。所选建筑装饰材料应具有与所处环境和使用部位相适应的耐久性，以保证建筑装饰工程的质量；应考虑建筑装饰材料与装饰工程的经济性，不但要考虑到一次投资，也应考虑到维修费用，因而在关键性部位上应适当加大投资，延长使用寿命，以保证总体上的经济性。本章就上述的问题进行介绍。

5.1 材料在使用中可能出现的变化

许多材料在新的时候和旧了以后效果是不一样的，如涂料、油漆在多年后会脱落变色，作为设计师应了解这方面的基本常识，使得设计效果能长时间地保持良好的效果，若有变化，也应是设计师早有预见的，有随时翻新的可能，而不是彻底拆除。影响材料的变化的因素除了材料自身的问题外，很多时候是由于气候的冷暖变化、太阳光照射形成的材料变化，风沙雨雪所引起的风化、大气污染对材料的影响等。这时，我们应当了解材料的不同属性，在可能的情况下选用耐用的材料。

5.1.1 冷暖带来的材料变化

众所周知，物体遇热会膨胀，遇冷会收缩，材料也是这样。材料自身的性质在外部温度发生变化时会随之发生改变。作为设计人员，应该充分了解建筑装饰材料由于温度变化而可能发生的各种变化和可能出现的问题。

如木材随大气温度的变化会产生膨胀或收缩，严重时会出现翘曲与开裂。所以对天然木材的干燥是重要的生产环节，因为木材的收缩与膨胀变形，一般只在含水率0%～30%的范围内出现变化，而大气中的水蒸气含量的变化就能促使木材变形。木材在干燥的空气中存放时会蒸发水分，反之遇到潮湿的空气则吸收水蒸气。所以木材的变形与大气温度和相对湿度有关。温度的变化常会带来连锁反应而引发木材的形变。

由于经常遭到来自雨水的冲刷，木材的涂料层，包括油漆和着色剂，会出现相应的侵蚀现象。这种雨水冲刷动作可将材料表面有防降解作用的涂料层冲刷掉，炎热的夏天使得材料内部的热量堆积起来，而突然的骤雨又会使热量迅速消散。这种剧烈的温度变化冲击，对许多材料都是一种挑战和考验。

很多金属同样存在热胀冷缩的问题。常用的金属材料在常温下的性能大都比较稳定，它们往往在较高温度时也能保持相对稳定的自身性质。拿建筑常用的钢材来说，只是在超过420℃时，自身性能才会逐渐下降。但是金属的耐寒表现却大不相同，有些金属材料在低温下表现得相当脆弱。这是由于这些金属材料在低温时其弹性和韧性会明显地降低，也就我们常说的变脆。一些金属材料在低于零下30℃就会逐渐变脆，比如锡和铝。如果温度再降低，钢这样的材料也会变脆。

混凝土是常见的建筑材料，但是我们往往会发现施工刚结束，它的上面就会产生不少的裂缝。温度的变化是混凝土表面开裂的主要原因。混凝土在硬化期间水泥产生大量热量，内部温度不断上升，在混凝土表面产生拉应力。后期在降温过程中，由于受到基础的约束，又会在混凝土内部出现拉应力。

当这些拉应力超出混凝土的抗裂能力时，即会出现裂缝。许多混凝土的内部湿度变化很小或变化较慢，但表面湿度可能变化较大或发生剧烈变化，如养护不当、时干时湿，表面干缩变形受到内部混凝土体的约束，也往往产生裂缝。因此，应注意：在热天浇筑混凝土时减少浇筑层厚度，利用浇筑层面散热；在混凝土中埋设冷却水管对混凝土内部进行降温；规定合理的拆模时间，气温骤降时对混凝土表面进行保温，以免混凝土表面发生急剧的温度变化；施工中长期暴露在外的混凝土浇筑块表面或薄壁结构，在寒冷季节采取保温措施，以免混凝土表面和内部产生较大的温差。

5.1.2　光照带来的材料变化

阳光是地球上任何生物赖以生存的保障，它带来光明和温暖。可是过度的光照和由光照产生的蒸汽也会带来伤害，尤其对材料造成了严重的破坏，每年造成难以估计的经济损失。损害主要包括褪色、发黄、变色、强度下降、脆化、氧化、亮度下降、龟裂、变模糊及粉化等。对于直接曝露在阳光下的材料来说，其受到光破坏影响的风险最大（图 5-1、图 5-2）。

我们经常会有这样的体验，东西朝向的商业街，往往背阴一面的标识牌颜色较为鲜艳，而另一侧的牌子颜色则会越来越浅。这是由于两侧光照的强度不同所引起的。某些材料长期处于光照下，会导致

● 图 5-1　留有时间烙印的外墙

● 图 5-2　经岁月冲刷后的外墙

材料表面变色、褪色、失去光泽、干裂等现象。因此，在设计中必须考虑这些情况对整个装饰效果的影响，尽可能的选用不褪色或是褪色较少的材料。

建筑内、外由于光照环境的不同，在选择材料时应该根据这一情况，对使用的材料作出相应的改变。

1. 室外

阳光中的紫外线对于材料的影响主要是变色和褪色两个方面。如：外墙涂料颜色会越来越浅，应选则那些不易发生变化材料，像玻璃、天然花岗岩、面砖、金属等。

2. 室内

光照主要是对于与窗户距离较近的一些材料形成影响，由于材料长期处于光照下而产生褪色现象，并且与室内其他相同的材料形成色差，主要体现在木饰面和一些壁纸、涂料、织物等材料上面。

5.1.3　时间的推移带来的材料变化

一些材料本身的颜色会随时间的推移发生变化。

如白纸时间长了会变色发黄,常用于玻璃砖勾缝的白水泥在一段时间后容易变黄,一些塑料的颜色也会变浅等。这些问题大都是由于材料与空气发生了氧化作用引起的。在使用中应该根据需要结合材料的物理特性进行综合处理。如某些金属材料受水气侵蚀后更易出现生锈的现象,这就需要我们采取相应的措施,比如进行防锈处理。

又如直接将未经防腐处理的木材用于室外是不适宜的。使用木材前对其进行防腐工艺处理是必要的工序。采用防腐剂处理的防腐木材通常采用三种加工方法:真空加压法、常压浸泡法、喷涂法。表面喷涂处理只能起到短期的效果,要使木材有较长的使用寿命,必须将药剂渗入木材内部。要达到这一目的,对木材进行真空加压处理是最为理想的办法,通过此法处理过的防腐木材在室外环境中的使用寿命可达 30 年以上。

自然界中还有少量木种有很好的天然耐久性。如西部红松、红尼克樟(南美红影)、双柱豆(南美柚木)等,由于自身特殊的结构,它们无需特别的防腐处理即可作为室内外的装饰材料。北美早期的许多住宅大量应用了这些木材,这些建筑即使在今天看上去也十分清新自然。

1. 变脏和变色

一般明度高的色彩容易变脏,彩度强的色彩容易变色,特别是设计时应注意阳光照射到的部位的材料选择要慎重,设计室内大面积色彩时应考虑一定的变色幅度。另外,人们常接触的部位容易变脏,如踢脚应用不引人注意的耐脏色彩,在人手部经常触摸处应采用硬质易于清洁的材料或软质耐脏的材料。

不易变色的材料是石材、陶瓷、砖瓦及水泥等;容易变色的材料是纺织品、木材、壁纸、油漆涂料等材料及部分金属、塑料等。

2. 材料的易洁性

材料表面抵抗污物作用保持其原有颜色和光泽的性质称为材料的耐沾污性。材料表面易于清洗洁净的性质称为材料的易洁性,它包括在风、雨等作用下的易洁性(又称自洁性),及在人工清洗作用下的易洁性。良好的耐沾污性和易洁性是建筑装饰材料经久常新,长期保持其装饰效果的重要保证。用于地面、台面、外墙以及卫生间、厨房等的装饰材料有时须考虑材料的耐沾污性和易洁性。

3. 材料的磨损

材料在具体使用过程中也会不断发生磨损以致本身发生某些变化。公园中的铜质雕塑在人们经常抚摸的地方会闪闪发亮,而其他部位则会因年久而呈现暗淡的墨绿色。皮质沙发的扶手处,时间久了鲜艳的表层皮革会脱落。对于这一问题,常见的解决办法是,在易磨损的部位用一些耐磨材料进行收边保护。

5.2 材料的质量与价格问题

材料的质量问题一直是设计师和广大使用者最关心的问题。材料质量的优劣直接关系到建成的效果以及日后能否安全地使用(图 5-3)。通常说来,选用那些口碑好的公司、厂家生产的材料会有比较好的保障。这就需要我们认识一些市场上的材料品牌,以便比较其中的优劣。以市场上常见的马赛克为例,进口品牌中,意大利的 BISAZZA 质地较好,但价格偏贵。个别高档次的产品甚至会达到每平米上万元的价位。国产品牌 JNJ 质量很不错,而且价格也能被大众所接受。

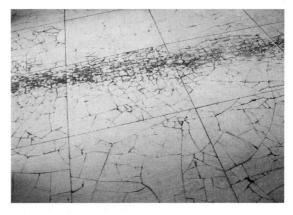

● 图 5-3 伪劣瓷砖日久形成的龟裂后果

方案的造价预算决定了选择材料的价位，超出预算的设计与材料选择虽然时常发生，但应该尽量避免。目前材料市场的材料价格相差较大，做设计的时候应该根据自己的方案和业主的需求进行材料选择，不应该盲目地追求高价位的材料，有时候高价位的材料也不一定能收到好的装饰效果。

5.2.1 材料的物理性能

1. 强度

强度是指材料在受到外力作用时抵抗破坏的能力。根据外力的作用方式，材料的强度有抗拉、抗压、抗剪、抗弯（抗折）等不同的形式。

2. 硬度

硬度所描述的是材料表面的坚硬程度，即材料表面抵抗其他物体在外力的作用下刻划、压入其表面的能力。

3. 耐磨性

耐磨性是材料表面抵抗磨损的能力。材料的耐磨性能，除与受磨时的质量损失有关外，还与材料的强度、硬度等性能有关。此外，与材料的组成和结构亦有密切的关系。表示材料耐磨性能的另一参数是磨光系数，它反映的是材料的防滑性能。

4. 吸水率

吸水率所反映的是材料能在水中（或能在直接与液态的水接触时）吸水的性质。

5. 辐射指数

辐射指数所反映的是材料的放射性强度。有些建筑材料在使用的过程中会释放出各种放射线，这是由于材料所用原料中的放射性核素含量较高，或是由于生产过程中的某些因素使得这些材料的放射性浓度被提高。当这些放射线的强度和辐射剂量超过一定限度时，就会对人体造成损害。特别值得一提的是，由建筑装饰材料这类放射性强度较低的辐射源所产生损害属于低水平辐射损害（如引发或导致产生遗传性疾病），且这种低水平辐射损害的发生率是随剂量的增加而增加的。因此，在选用材料时，注意其放射性，尽可能将这种损害减至最低限度。

6. 耐火性

耐火性是指材料抵抗高热或火的作用，保持其原有性质的能力。金属材料、玻璃等虽属于不燃材料，但在高温或火的作用下在短时间内就会变形、熔融，因而不属于耐火材料。建筑材料或构件的耐火极限通常用时间来表示，即按规定方法，从材料受到火的作用时间起，直到材料失去支持能力，完整性被破坏，或失去隔火作用的时间，以小时或分钟计。如无保护层的钢柱，其耐火极限仅有0.25小时。

7. 耐久性

耐久性是材料长期抵抗各种内外破坏、腐蚀介质的作用，保持其原有性质的能力。材料的耐久性是材料的一项综合性质，一般包括耐水性、抗渗性、抗冻性、耐腐蚀性、抗老化性、耐热性、耐溶蚀性、耐磨性或耐擦性、耐光性、耐沾污性、易洁性等许多项。对建筑装饰材料而言，主要要求颜色、光泽、外形等不发生显著变化。

内部因素是造成装饰材料耐久性下降的根本原因。内部因素主要包括材料的组成结构与性质。外部因素也是影响耐久性的主要因素。外部因素主要有以下几种：

（1）化学作用：包括各种酸、碱、盐及其水溶液，各种腐蚀性气体，对材料具有化学腐蚀作用或氧化作用；

（2）物理作用：包括光、热、电、温度差、湿度差、干湿循环、冻融循环、溶解等，可使材料的结构发生变化，如内部产生微裂纹或孔隙率增加；

（3）机械作用：包括冲击、疲劳荷载，各种气体、液体及固体引起的磨损与磨耗等；

（4）生物作用：包括菌类、昆虫等，可使材料产生腐朽、虫蛀等而破坏。

5.2.2 造价影响设计的最终效果

材料的选择与确认对于一个工程项目的经济投入也会形成影响。经常是要屈从于设计预算，这是极现实的问题，虽然价格低廉但合理的材料的使用要远远强于豪华材料的堆砌,当然优质的材料可以更加完美地体现理想的设计效果。一般来说,质量好的材料,造价也会相应的比较高。但并不等于低预算不能创造合理的设计,关键是如何运用,在同等效果的情况下应考虑工程所需材料的造价。以马赛克为例,大体可分为高、中、低三个档次。一些带有拼花效果的马赛克要加上手工的拼贴费用,每平方米的售价会比那些同档次无拼花的马赛克高出不少。因此,设计师重点要使选购的装饰材料能够准确地表达出设计的意图与效果,了解材料市场的行情,在不同的设计条件中选用最恰当的材料用以表现最终效果。

材料的优劣可以直接影响到空间的品质,市场上便宜的材料与贵的材料存在这样一些规律:同材同质的材料一般材料的大板贵、小块便宜,如石材、瓷砖等;材料用的多寡形成了实心材料贵、薄片便宜,如木材、石材;由于运输等消耗,进口的材料贵,国产的材料便宜些,这几乎涵盖所有的材料。作为设计师要尽可能地降低所选装饰材料的价格,以节省总体工程成本,并且要挑选那些绿色环保、质量过硬的建筑装饰材料,以满足业主的要求,同时达到良好的工程效果。

5.3 材料的污染问题

室内设计装修的目的是提高生活品质,但伴随装修而来的环境污染也悄然而来,其中建筑装饰材料是室内污染物产生的主要来源之一,在各种致癌源中独占鳌头,因此为消除室内污染对人体带来的危害,设计师在考虑设计材料选用时要注意选择有环保质量认证的材料,拒绝使用假冒的廉价材料。选用的材料应集视觉、触觉宜人的材料;可回收再利用的材料;可耐久使用的材料;天然、健康、绿色的材料。

5.3.1 甲醛

甲醛(HCHO)是一种无色易溶的刺激性气体,甲醛具有强烈的致癌和促癌作用,国际癌症研究所已建议将其作为可疑致癌物对待。甲醛对人体健康的影响主要表现在嗅觉异常、刺激、过敏、肺功能异常、肝功能异常和免疫功能异常等方面。

室内空气中的甲醛来源有以下方面。

甲醛的集中来源就是装修中应用的大芯板、多层板等材料。甲醛是商家为了让胶粘剂增加牢固性和减低造价添加的有毒成分,大芯板、中密度板、胶合板等人造板材内大量使用了胶粘剂,因为甲醛具有较强的粘合性,还具有加强板材的硬度及防虫、防腐的功能,所以用来合成多种胶粘剂。目前生产人造板使用的胶粘剂以甲醛为主要成分的脲醛树脂,板材中残留的和未参与反应的甲醛会逐渐向周围环境释放,是形成室内空气中甲醛的主要来源。其次,用脲醛泡沫树酯作为隔热材料的预制板、贴墙布、贴墙纸、化纤地毯、泡沫塑料、油漆和涂料等也含有有毒成分。另外,一些人造材料(各种人造板材、壁纸、地毯、胶粘剂)在高温时会散发比平时更多的有害气体。例如,夏季甲醛等物质的浓度高于冬季。特别是在室内,甲醛夏季浓度是冬季浓度的3~4倍。

设计装修应减少人造板材尤其是大芯板的使用,$100m^2$的房间不要使用超过20张大芯板。减少使用人造板材的方法之一就是少做造型。多选择实木、竹子、藤或环保玻璃、铝等材料,即使选择大芯板也要购买名牌产品,往往价格特别低的材料在环保方面问题最严重。

5.3.2 苯

苯是一种无色、具有特殊芳香气味的液体,目前室内装饰中多用甲苯、二甲苯代替纯苯作各种胶、油漆、涂料和防水材料的溶剂或稀释剂。人们通常所说的"苯"实际上是一个系列物质,包括"苯"、"甲苯"、"二甲苯"。苯属致癌物质,苯可以引起白血病和再生障碍性贫血也被医学界公认。人在短时间内吸入高浓度的甲苯或二甲苯,会出现中枢神经麻醉的症状。苯化合物已经被世界卫生组织确定为强烈致癌物质。

室内空气中苯的主要来源是那些建筑装饰中使用大量的化工原材料，如涂料、填料、油漆、天那水、稀料、各种胶粘剂、防水材料，以及一些低档和假冒的涂料。设计者们，尤其是住宅的设计人员应该尽量减少对这些含污染材料的使用。

5.3.3 氡

氡是天然产生的放射性气体，无色、无味，不易察觉。现代居室的多种建材和装饰材料都会产生氡，导致室内氡浓度逐步上升。氡对人体健康的危害主要表现为肿瘤的发生和诱发肺癌。

众所周知，天然石材中存在放射性危害，它对健康的危害主要有两个方面，即体内辐射与体外辐射。体内辐射主要来自于放射性辐射在空气中的衰变，而形成的一种放射性物质氡及其子体。氡是自然界唯一的天然放射性气体，氡在作用于人体的同时会很快衰变成人体能吸收的核素，进入人的呼吸系统造成辐射损伤，诱发肺癌；体外辐射主要是指天然石材中的辐射体直接照射人体后产生一种生物效果，会对人体内的造血器官、神经系统、生死系统和消化系统造成损伤。目前我国每年约有5000人死于氡引发的肺癌。氡也成为了除吸烟以外引起肺癌的第二大因素。在居住空间设计中应尽量减少使用像花岗石、大理石等材料。

5.3.4 氨

氨是一种无色且具有强烈刺激性臭味的气体，是一种碱性物质，它对接触的皮肤组织有腐蚀和刺激作用。可以吸收皮肤组织中的水分，使组织蛋白变性，并使组织脂肪皂化，破坏细胞膜结构。长期接触氨部分人可能会出现皮肤色素沉积或手指溃疡等症状；氨被呼入肺后容易通过肺泡进入血液，与血红蛋白结合，破坏运氧功能。

室内空气中氨的来源有以下方面。

其主要来自建筑施工中使用的混凝土外加剂，特别是在冬期施工过程中，在混凝土墙体中加入以尿素和氨水为主要原料的混凝土防冻剂，这些含有大量氨类物质的外加剂在墙体中随着温度、湿度等环境因素的变化而还原成氨气从墙体中缓慢释放出来，造成室内空气中氨的浓度大量增加。另外，室内空气中的氨也可来自室内装饰材料中的添加剂和增白剂。

5.3.5 环保型材料的特征

1. 基本无毒害型

是指天然的，本身没有或极少有毒害的物质，未经污染只进行了简单加工的装饰材料。如：石膏、滑石粉、砂石、木材、某些天然石材等。

2. 低毒、低排入型

是指经过加工、合成等技术手段来控制有毒、有害物质的积聚和缓慢释放，因其毒性轻微，对人类健康不构成危险的装饰材料。如：甲醛释放量较低、达到国家标准的大芯板、胶合板等。

3. 目前无法确定和评估的材料

如环保型乳胶漆、环保型油漆等化学合成材料。这些材料在目前是无毒无害的，但随着科学技术的发展，将来可能会有重新认定的可能。

室内设计师虽然接触到多种装饰材料，但设计作品绝不是各种材料的堆砌，设计师应合理而巧妙地利用不同材料，来体现自己的设计，并且要经常注意材料的变化，在可能的条件下，争取使用最新的环保材料，作为创造健康、安全的室内生活空间的基本保障。环保问题是需要设计师引起高度注意的一个问题。积极主动地使用一些无毒，无污染的装饰材料，减少木材的使用都会对保护环境起到实际的促进作用。

设计以人为本，材料的选用一定要保证对人身的无害，以及对环境的保护，其本身是可持续发展的。现在的科技高速发展，材料本身的科技含量日益增加，生产周期越来越短，并且产品种类日益繁多。在加工方面要想达到无污染的要求，成本会增大，所以造成价格偏高。在材料的设计中不仅仅要注意到装饰的艺术性，也同时是要考虑到材料本身对于环境、对于人的种种影响，应抱有可持续发展的态度。还要考虑此种材料在今后的使用中可能会产生的种种后果，会带来的一些问题。

5.4 材料的声学问题

室内噪声高于120dB，人耳就会感到不舒服，长时间处于高噪声下会对人的听力造成直接伤害；而剧场、歌舞厅等一些特殊场所对室内的声环境又有更高的需求。因此合理的声学设计对于一个舒适的室内空间是十分重要的。不同的材料对室内声效的影响很大，经常可以发现在一些餐厅、饭馆中由于大量使用反射强的材料，没有考虑使用吸声类材料，结果使得我们面对面地交谈也需要大声喊叫。

5.4.1 材料的声学概念及做法

1. 反射材料

易在室内产生噪声，影响室内的声音效果。反射材料的特征是表面光滑、质地坚硬，如石材、金属、玻璃、瓷砖等。

2. 吸声材料

可减少室内噪声，防止回声，获得良好的音质。但使用过度则会导致混响时间过长，产生音质上的缺陷。吸声的材料是各种穿孔板、纤维材料、玻璃棉、岩棉、织物、木材纤维等。根据材料表面开孔尺寸大小及空隙率不同，吸声性也不同。开孔越多，孔径越小，则吸声效果越好；还可将多孔材料内添充吸声纤维。在室内利用吸声材料或悬挂的空间吸声体吸收声能够降低噪声，是建筑环境噪声控制技术的一项重要措施。

3. 隔声材料

消耗、吸收噪声。当声波入射到材料表面时，入射声能的一部分被反射，另一部分进入材料的内部被吸收，还有一部分透过材料进入材料的另一侧。当大部分声能进入材料（被吸收和透射）而反射能量很小时，表明材料的吸声性能良好。对于隔声材料，要减弱透射声能，阻挡声音的传播，就不能如同吸声材料那样多孔、疏松、透气。相反，它的材质应该是重而密实的，如钢板、铅板、砖墙等类材料。隔声材料材质的具体要求是：密实无孔隙和有较大的重量。

5.4.2 常用声学材料

建筑的室内表面包括地面、墙面和顶棚。传统的装饰材料是石材、板材及抹灰。由于这些材料的物理性能对声波会产生强烈地反射。如果在这种空间里开会、听报告或欣赏音乐，听众虽然感到声音很响，但音质不够理想，因此一般的室内装修都需要考虑作适当的吸音处理，特别是音乐厅、影剧院、录音室、演播厅、监听室、会议室、体育馆、展览馆、歌舞厅、KTV包房等公众场所，因为这类建筑对音质都有特殊的要求。用现代技术研发生产的吸声材料为改善室内音质和吸声降噪提供了一条有效途径。

1. 木质吸声板

也称槽木吸音板，是一种在密度板的正面开槽、背面穿孔的狭缝共振吸声材料。木质吸声板（槽木吸声板）根据声学原理，合理配合，具有出色的降噪吸声性能，对中、高频吸声效果尤佳。

2. 布艺吸声板

经过专业设计的布艺吸声装饰板，声学调整方便，能为用户提供最佳的声学解决方案。除了声学要求外，布艺吸声板饰面选择丰富多彩，可以根据用户的个性化要求制定。

3. 木丝吸声板

以白杨木纤维为原料，结合独特的无机硬水泥胶粘剂，采用连续操作工艺，在高温、高压条件下制成。木丝吸声板拥有只有通过合成若干不同的建筑材料才能获得的物理特性。

4. 穿孔吸声板木

是一种在密度板的通孔或正面开小孔、背面穿大孔的狭缝共振吸声材料。穿孔吸声板木根据声学原理，合理配合，具有出色的降噪吸声性能，对中、高频吸声效果尤佳。

5. 立体扩散体吸声板

除了具有平面吸声板的所有功能以外，还能通过它的立体表面对声波进行不同角度的传导，消除声波在扩散过程中的盲区，改善音质，平衡音响，削薄重音，削弱高音，对低音进行补偿。

5.4.3　KTV包房的声学处理

KTV包房装修中的问题是十分复杂的，它涉及到建筑、结构、声学、通风、暖气、消防、照明、音响、视频，以及安全、实用、环保、文化（装饰）等多方面。各国的卡拉OK的装修风格都各不相同，我国是世界上卡拉OK最多的国家，所见所闻装修风格各有千秋，但是存在的普遍问题是声学效果差，即使是装修特别豪华的KTV同样存在声学缺陷，给我们的感觉是唱歌很吃力（指音响系统很好的情况下）或者是有声染色现象。有些地方是串音现象严重，多房间同时有人唱歌时歌厅就变成了"蛤蟆坑"。隔声是解决"串音"的最好办法，从理论上讲，材料的硬度越高隔声效果就越好。经济实用的首选是砖墙，两边为水泥墙面。这种隔断墙一定要砌到顶部，需要走通风管道或者其他走线时再打孔穿过，应该注意管路的密封问题，否则同样可以引起串音现象。其次是隔声墙板，这种材料属于专业的隔声材料，两边是金属板材中间是具有隔声作用的发泡塑料，这种墙板厚度越大隔声效果就越好。有些地方由于承受重量的问题，不能采用砖墙或者其他砌墙的办法，只能采用轻钢龙骨石膏板的办法，最好再在石膏板的外面附加一层硬度比较高的水泥板，这种水泥板外观和石膏板相同（尺寸也差不多），但是硬度远远高于石膏板，是很好的隔声材料。有经验的声学专家会巧妙地利用装修结构的变化和不同材料进行组合，解决声场环境的声学问题。

我们知道沙发的材料都是有一定的吸声效果的。材料越疏松吸声效果就越好；相反，材质越密、越光滑吸声效果就越差。棉布类的吸声效果就好于皮革类的材料。有些KTV包房采用了壁毯装饰物品，包间大一些的房间放置了很多的花草植物等，这些都可以改善房间的声场效果。

5.5　材料的防火问题

由于装饰材料使用不当所引起的火灾事故也在持续增长。近些年的火灾数据统计显示，大部分火灾的扩大和蔓延是由于室内装饰材料造成的。如果火灾发生时，在火源附近为没有任何防火性能的材料，则极易被点燃，并导致室内火势迅速蔓延，从而造成人员伤亡和疏散困难；反之，使用具有防火性能的材料，火焰就无法经由材料扩散，火势就会受到限制或延迟，这些都有助于火灾的扑灭，并且为人员逃生争取时间。因此，设计师需充分了解各种材料的特点及其燃烧性能，并在设计中正确合理地利用材料，这是避免火灾危害的关键。

5.5.1　材料燃烧性能分级

通过检测各种材料对火的反应敏感程度，《建筑内部装修设计防火规范》将材料燃烧性能分为四级，即：不燃性材料、难燃性材料、可燃性材料、易燃性材料，并用A、B1、B2、B3表示。

1. 不燃性材料——A

受到火烧或是高温作用时不起火、不燃烧、不碳化的材料。如花岗石、大理石、水磨石、水泥制品、黏土制品、瓷砖、钢铁等。

2. 难燃性材料——B1

受到火烧或是高温作用时难起火、难微燃、难碳化，当离开火源后，燃烧或微燃立即停止的材料。例如：纸面石膏板、矿棉吸声板、玻璃面装饰吸声板、岩棉装饰板、铝箔复合材料、防火塑料装饰板、难燃墙纸、多彩涂料、硬PVC塑料地板等。

3. 可燃性材料——B2

受到火烧或是高温作用时立即起火或微燃，且离开火源后仍继续燃烧或微燃的材料。如各类天然木材、木质人造板、竹材、装饰薄木贴面板、木纹人造板、墙布、天然材料壁纸、人造革、PVC卷材地板、木地板、氯纶地毯、纯毛装饰布、经阻燃处理的其他织物、木制品等。

4. 易燃性材料——B3

受到火烧或是高温作用时立即起火，并迅速燃烧，且离开火源后仍继续迅速燃烧的材料。如未经阻燃处理的塑料、纤维织物等。

5.5.2 国家对于室内装修材料的防火等级的规定

由于材料在同一室内各部位使用功能的不同，它们的防火等级也相应不同。一般分为以下七类：顶棚材料、墙面材料（到顶固定隔断）、地面材料、活动隔断、固定家具、装饰织物、其他装饰材料（窗帘盒、楼梯扶手等）。《建筑内部装修设计防火规范》对于不同功能室内各部位装修材料给出了具体的规定。

1. 大型公共空间

建筑面积大于 1 万 m^2 的室内：顶棚与墙面材料级别为 A 级，其余五类材料级别均为 B1 级。建筑面积小于 1 万 m^2 的室内有以下几种。

(1) 机场候机楼：顶棚材料级别为 A 级；墙面、地面及隔断材料级别为 B1 级；其余四类材料级别均为 B2 级。

(2) 汽车站、火车站、轮船客运站、商场的室内：顶棚材料级别为 B1 级；墙面、地面及隔断材料级别为 B2 级；其余四类材料级别均为 B2 级。

2. 商业空间

(1) 每层建筑面积大于 $3000m^2$ 或总建筑面积大于 $9000m^2$ 的营业厅：顶棚、地面及隔断材料级别为 A 级；墙面、固定家具、装饰织物材料级别为 B1 级；其他装饰材料级别为 B2 级。

(2) 每层建筑面积为 $1000\sim3000m^2$ 或总面积为 $3000\sim9000m^2$ 的营业厅：顶棚材料级别为 A 级；墙面、地面、隔断、装饰织物材料级别为 B1 级；固定家具材料级别为 B2 级。

(3) 每层建筑面积小于 $1000m^2$ 或总面积小于 $3000m^2$ 的营业厅：顶棚、墙面、地面材料级别为 B1 级；隔断、固定家具、装饰织物材料级别为 B2 级。

3. 公共娱乐场所（影剧院、礼堂、音乐厅、会堂及体育馆、歌舞厅、餐馆等娱乐餐饮类室内）

(1) 室内座位大于 800 个的影剧院、礼堂、音乐厅、会堂：顶棚、墙面材料级别为 A 级；其余四类材料级别均为 B1 级。室内座位小于 800 个的影剧院、礼堂、音乐厅、会堂：顶棚材料级别为 A 级；墙面、地面、隔断材料级别为 B1 级；固定家具、其他装饰材料级别为 B2 级。

(2) 规模在 3000 座以上的体育馆：顶棚、墙面材料级别为 A 级；地面、隔断、装饰织物材料级别为 B1 级；固定家具、其他装饰材料级别为 B2 级。规模在 3000 座以下的体育馆：顶棚材料级别为 A 级；墙面、地面、隔断材料级别为 B1 级；固定家具、其他装饰材料级别为 B2 级。

(3) 营业面积大于 $100m^2$ 的室内：顶棚材料级别为 A 级；墙面、地面、隔断、装饰织物材料级别为 B1 级。营业面积小于 $100m^2$ 的室内：顶棚、墙面、地面、隔断、固定家具、其他装饰材料级别为 B2 级。

4. 旅馆类建筑

(1) 一类建筑（十九层以上建筑室内）：顶棚材料级别为 A 级；墙面、地面、隔断、装饰织物级别为 B1 级；固定家具、其他装饰材料级别为 B2 级。

(2) 二类建筑（十八层以下建筑室内）：顶棚、墙面材料级别为 B1 级；其余各类材料级别均为 B2 级。

5. 社会福利型建筑（幼儿园、托儿所、医院、疗养院、养老院一类为特殊人群服务的室内）

(1) 一类建筑（十九层以上建筑室内）：顶棚材料级别为 A 级；墙面、地面、隔断、装饰织物级别为 B1 级；固定家具、其他装饰材料级别为 B2 级。

(2) 二类建筑（十八层以下建筑室内）：顶棚、墙面材料级别为 B1 级；其余各类材料级别均为 B2 级。

6. 教学、办公、综合建筑

(1) 一类建筑（十九层以上建筑室内）：设有中央空调系统的办公楼，顶棚材料级别为 A 级；墙面、地面、隔断材料级别为 B1 级；固定家具、装饰织物、其他装饰材料级别为 B2 级。

(2) 二类建筑（十八层以下建筑室内）：顶棚、墙面、隔断、装饰织物材料级别为 B1 级；其余各类材料级别均为 B2 级。

7. 住宅

多层住宅室内分为以下两种：

（1）普通住宅：顶棚材料级别为 B1 级；其余各类材料级别均为 B2 级；

（2）高级住宅：顶棚、墙面、地面、隔断材料级别为 B1 级；其余各类材料级别均为 B2 级；

高层住宅室内分为以下两种：

（1）一类建筑（十九层以上建筑室内）：顶棚材料级别为 A 级；墙面、隔断、装饰织物材料级别均为 B1 级；其余各类材料级别均为 B2 级；

（2）二类建筑（十八层以下建筑室内）：顶棚、墙面材料级别为 B1 级；其余各类材料级别均为 B2 级。

5.5.3 材料的防火阻燃处理

在室内设计中，经常不可避免地需要使用一些可燃性的装饰材料，因此，了解如何改变材料的阻燃性，从而提高材料的燃烧性能是十分必要的。

1. 木材

（1）首先长时间浸泡或加压注入阻燃液，然后高温烘干。此做法阻燃效果好，但工艺复杂、成本较高，较少被使用。

（2）在材料表面涂抹防火涂料，自然干燥。此做法工艺简单，被广泛使用。

2. 玻璃

（1）两块或两块以上玻璃使用阻燃胶和阻燃剂粘结。

（2）在两块玻璃之间灌入防火液。

（3）在玻璃上直接喷涂防火液，然后专业干燥。

（4）玻璃制作过程中将金属网放入玻璃夹层中，这种玻璃即使破裂也不会散落，有效地避免了对人的伤害。

现在建筑中还经常会用到隔热玻璃、耐热玻璃这些材料。隔热玻璃可以有效阻隔火灾产生的热量，而耐热玻璃即使被火烤也不会破裂。国内现在已能生产耐火 120 分钟的耐火玻璃，而这也基本是目前玻璃材料的耐火极限时间。

3. 壁纸

（1）在壁纸生产过程中将阻燃剂直接添加到纸浆中，或是将纸浸渍于阻燃剂中，经干燥处理后使用。

（2）在壁纸上涂抹或喷撒防火溶液或使用具有阻燃效果的胶粘剂。这种做法效果较差，增加施工工序。

4. 涂料（防火涂料）

防火涂料是指涂刷在物体表面，可防止火灾发生，阻止火势蔓延传播或隔离火源，延长基材着火时间或增加绝热性能以推迟结构破坏时间的一类涂料。最常用的是膨胀型防火涂料，这种涂料在火灾发生时不支持燃烧，且受热膨胀发泡，以减缓火焰的蔓延速度。一般用于柱、梁、框架等暴露结构处。防火涂料的涂刷必须达到国家规定级别，消防部门才能认可。

（1）钢结构防火涂料：将其涂抹在钢结构上，可防止钢材遇火急剧升温而导致的建筑坍塌。纽约世贸中心的悲剧证明钢材料在高温下将不再坚固耐久，相反可能会成为使用者的梦魇。后来的分析检测认为防火保护上的失误是造成这一悲剧的主要原因。纽约世贸中心整体都是钢结构，建造时采用在其上涂刷防火涂料的防火办法。所使用的都是厚涂型钢结构防火涂料，该涂料是通过增加涂层厚度来提高耐火时限的，但是涂层过厚，就容易开裂和脱落，涂层厚度也不易做到均匀，这些将严重影响材料的防火效果。由于竣工已经 30 多年，原本就存在隐患的钢结构防火涂料层经过多年的老化，其防火性能下降明显，已经达不到设计的耐火时限。在飞机的巨大冲力下，一些防火涂层又脱落，所以在航空煤油爆炸引起的温度高达 1000℃ 的大火中，塔楼像熔化了的巧克力一样坍塌了。

（2）饰面防火涂料：直接涂抹在装饰材料表面。在使用一些本身防火性能较差的材料时往往会采用这种办法。而在一些防火关键部位，例如吊顶处，更需用防火涂料对木质龙骨、石膏板等材料进行涂刷。

5.6 材料的防水问题

材料由于本身的性质,大都难以承受水气的长时间侵蚀,但在日常生活中,我们却经常要与水气打交道。一个刷了乳胶漆的墙面受潮,墙的表层会在短时间内脱落,这个就是我们常说的掉墙皮。此类防水问题如果不加以处理,往往会令材料发生霉烂变质。因此,需要设计师熟悉各种材料的防水性能,这样才能选用合适的材料,充分发挥出材料的特性。

5.6.1 厨房和卫生间的防水材料

防水涂料是为隔绝雨水、地下水及其他水渗透的材料。防水涂料的质量与建筑物的使用寿命密切相关。厨房和卫生间这两处是建筑内部比较特殊的空间,由于不可避免地要与水气打交道,因此这两个空间需要作重点防水处理。主要通过防水涂料、防水板材以及各种防水性能好的面砖对顶棚、墙面、地面的粉刷、覆盖来实现防水。

施工前应清理基层缺陷,使基层含水率不大于9%,涂刷专用底子油并充分干燥后再施工。具体工程施工以及细部构造应按照工程的防水设计、验收标准和施工规范进行。

目前,市场上的涂刷类防水材料种类很多,而真正与我们息息相关的主要有三种。就建材市场来讲主要有水泥灰浆类、丙烯酸类和聚合物高分子类。这三类防水涂料就防水性能而言,各有千秋。

1. 水泥灰浆类

作为新兴防水材料之一,是目前市场上畅销的材料。但它的防水性能却是比较差的。其实它就是一种特种胶粘剂(有点像特种胶水)搅拌掺合微细水泥和砂灰粉尘。砂灰的特性决定了它的坚固性,这是它的优点但也是它的致命缺点。任何一个建筑物在建成后都会产生微小的沉降和错位(沉降期基本在5年左右)。这种微小的沉降和错位足以把这种看似坚固但延展性很小的材料扯裂,造成日后的渗漏。

2. 丙烯酸类

丙烯酸最早是应用在环保漆和涂料上。这种材料最大的特点是可以用水来稀释为水溶材料,并且无色无味(漆类可根据需要加着色剂调配各类颜色),结膜之后是异常致密的防水材料。这种材料在结膜之后有相当的弹性和延展性,所以它不会随着基层的沉降和错位而断裂。但这种材料目前售价较贵。

3. 聚合物高分子涂料

此类一般简称JS涂料。此类具有很好的延展性和弹性。无色无味,具有很好的环保性。但是在未干之前具有很大的黏性,任何微小磕碰和接触都会遭成防水膜的破坏,并且刷不出厚度,干燥之后基本上为透明,视觉效果不是很好。目前价格也偏高。

在室内做防水的位置主要是厨房和卫生间,厨房、卫生间的防水层高度有所不同,厨房可以低些,而卫生间的防水层则要做到顶,这样才不会有日后的使用问题。墙面、地面在做好基层的防水后,可以选择瓷砖、陶瓷锦砖等防水性能好的材料进行装饰。另外,厨房卫生间的门底防水可以用过门石的铺装来解决,用来做过门石的材料一般为大理石或花岗石,因其本身有较好的防水性能。令卫生间的地面低于过门石,水就不会浸在门套处,因为门套的底部是骑在过门石的上面的。过门石与卫生间地面有2cm的距离,可防止水浸泡门套的底部。

5.6.2 屋面的防水处理

建筑的屋面是受自然风、雨、雪等影响最大的地方,因此屋面的防水处理有着格外重要的意义。传统的屋面防水材料是沥青及油毡等卷材,近来PVC卷材的使用也逐渐广泛。以前有不少建筑屋面采用双层2mm厚的沥青卷材,虽然这种普通的防水材料造价低廉,但其耐穿刺性能差,低温柔性差,易老化,往往是每隔7~8年就需要维修。而PVC改性沥青卷材,具有耐老化、耐候性、延伸率大、使用寿命长的优点。同时施工简单,造价低,便于维修,使用效果相对更好些。

1. 屋面卷材防水的施工要点

(1) 施工的环境要求：为了保证施工操作以及卷材铺贴的质量，宜在5～35℃的气温下施工；高聚物改性沥青以及高分子防水卷材不宜在低于0℃的温度下施工，而热熔法铺贴卷材可以在零下100℃的气温条件下施工，这种卷材耐低温，在低于0℃的温度下不易被冻坏。雨、雪、霜、雾，或大气湿度过大，以及大风天气均不宜露天作业。

(2) 对屋面排水坡度的要求：平屋面的排水坡度为2%～3%，当坡度小于等于2%时，宜选用材料找坡；当坡度大于3%时，宜选用结构找坡。天沟、檐沟的纵向坡度不应小于1%，沟底落差不得超过200mm。水落口周围直径500mm范围内坡度不应小于5%。

(3) 屋面找平层的要求：找平层是铺贴卷材防水层的基层，给防水卷材提供一个平整、密实、有强度、能粘结的构造基础。因此，铺贴卷材的找平层应坚实，不得有突出的尖角和凹坑或表面起砂现象。

(4) 基层处理剂：为了加强防水卷材与基层之间的粘结力，保证整体性，在防水层施工前，预先涂刷在基层上的涂料。常用的基层处理剂有冷底子油及与各种高聚物改性沥青卷材和合成高分子卷材配套的底胶(基层处理剂)，选用时应与卷材的材质相容，以免卷材受到腐蚀或不相容而导致粘结不良脱离。

(5) 卷材的铺贴：贴卷材应按照以下顺序进行。防水层施工时，应先作好节点、附加层和屋面排水比较集中部位(如屋面与水落口连接处、檐口、天沟、檐沟、屋面转角处、板端缝等)的处理，然后由屋面最低标高处向上施工。铺贴天沟、檐沟卷材时，宜顺天沟、檐口方向，减少搭接。

(6) 对屋面防水卷材保护：防水卷材铺贴完成之后，必须作好保护，以免影响防水效果。在防水层面上铺300mm×300mm的膨胀珍珠岩隔热块，再在其上面加设一层3cm厚的水泥砂浆保护层，该层内布钢丝网，保护层设分格缝，缝内用密封材料填充，更好地保护防水层。

为了防止因室内的水蒸气影响而引起屋面防水层出现起鼓现象，一般构造上常采取在屋面的保温层内设置排气道和其上做隔汽层(如油纸一道，或一毡两油，或一布两胶等)，阻断水蒸气向上渗透。排气道间距宜为6m纵横设置，不得堵塞，并同与大气连通的排气孔相连，排水屋面防水层施工前，应检查排气道是否被堵塞，如有堵塞现象应加以清扫、疏通。

做好屋面卷材防水层并不是一件很困难的事情，只要我们按照屋面卷材防水工序施工，认真按规范做好每步工作，就可以杜绝施工造成的屋面漏水。

2. 金属板屋面的防水

现在很多设计师喜欢用金属作为建筑屋顶的表现语言，寻求前卫的视觉效果，而由于大部分装饰用的金属材料与水气接触后容易发生氧化现象，所以金属屋面的防水工作具有特殊的意义。从选材上说，应尽量做到选择耐久性较好的铜板、锌板、不锈钢板以及铝合金板等。

在施工方面，条形薄板沿屋顶斜坡方向(排水方向)安装，立边咬接口与排水方向相同，易于解决排水问题。由于大部分金属薄板由成卷板材加工，其长度可以做到很长，甚至从屋脊至挑檐可以只用一张面板完成。减少面板横向搭接的数量可以极大地减少雨水渗透的可能性。条形薄板沿屋脊方向(垂直于排水方向)铺设则需要有相对大的排水坡度，四边交接一般均采用平咬口模式，形成与上种做法不同的屋面肌理。

5.7 材料的资源问题

绿色设计也称为生态设计。虽然叫法不同，内涵却是一致的，其基本思想是：在设计阶段就将环境因素和预防污染的措施纳入设计之中，将环境性能作为设计目标和出发点，力求使设计对环境的影响为最小。绿色设计强调尽量减少无谓的材料消耗，重视再生材料使用的原则。绿色设计在今天，不仅仅是一句时髦的口号，而是切切实实关系到每一个人的切身利益的事。这对子孙后代，对整个人类社会的贡献和影响都将是不可估量的。

5.7.1 节约有限的材料资源

在材料设计中，应注意减少不必要的材料和资金的浪费，这就需要我们调动自身的资源"智慧"去弥补这个空缺。要对有限的物质资源进行最合时宜的设计。为了节约资源一个较稳妥且经济的方法是，在大量使用的基材上包覆一层珍贵材料的薄层，这种改变饰面效果的做法是仅改变表皮材料，而让人感到的是整体材料的改变。如微薄木贴皮板材的应用，就是要达到此种功效。装饰面板是用木纹明显的高档木材旋切而成的厚度在 0.2mm 左右的微薄木皮，以夹板为基材，经过胶粘工艺制作而成的具有单面装饰作用的装饰板材。它是在普通胶合板上覆贴一层名贵树种木皮而成，厚度为 3mm。广泛用于装修的表面装饰。装饰面板是目前有别于混油做法的一种高级装修材料。常见木皮有樱桃木、枫木、白桦、红榉、水曲柳、白橡、红橡、柚木、花梨木、胡桃木、白影木、红影木等多个品种。

目前市场上贴面材料主要有四种：

1. 原木皮

常见木皮的色彩从浅到深，有樱桃木、枫木、白桦、红榉、水曲柳、白橡、红橡、柚木、黄花梨、红花梨、胡桃木、白影木、红影木、紫檀。

2. 合成木皮

(1) 原木复合木皮：用不同颜色的原木皮一层层叠起来，经树脂高压胶合形成木方，再从剖面切片，形成一条条不同颜色，不同木种的新型木皮。

(2) 印刷纸纤维打成纸浆做成纸皮，并印上需要的木纹和花饰。

3. 塑制贴面皮

这类贴面为石化产品，表面经专用印刷机印刷木纹和花饰，背面备胶，须经过热压精密仪器胶贴而成。

4. 防火板

防火板贴面耐磨且不怕烫，有木纹、素面、石纹或其他花饰，多用于板式家具、橱柜等。

5.7.2 仿饰漆法

除了前面提到的表皮贴面的方法，还可以采用仿饰油漆法，它能模仿大理石花纹，这种处理手法最适合在不耗费昂贵材料的情况下模拟富丽华贵的表面。毕竟不能因为一时的视觉享受，而造成浪费。材料的总体资源是有限的，因此在材料的应用中应尽可能地充分利用每一种材料，设计师应始终抱有负责的态度，最大程度地节约现有的资源。

《创意涂漆技法全书》一书中提到，"巴黎凡尔赛宫的玛丽皇后剧院，曾为了降低预算跟赶期完工，而大量用仿饰漆仿大理石来替代真的石材。因为当时大理石的生产跟运输，都跟现在的速度无法相比，用画的绝对快多了。"作者提到，"事实上欧洲在19世纪仿饰漆流行的高峰期，高档装潢的普遍观念就是，一般木料该用仿饰漆将它画成稀有木材；石膏柱则用仿饰漆画成大理石模样。当时的工匠手艺精巧，障眼手法高超无比，画上去后，一般人根本看不出真假差别。除了成本与时间因素，另一个使用仿饰漆法的原因是，有些种类的大理石已经绝种或停产了，当要用同一块大理石搭配时，只要参考真的石材仿画，真假参半，更不易令人起疑。凡尔赛宫的不少壁炉是用真的大理石，但踢脚板的同种大理石，却是用仿饰漆法画出来的。"

那么到底什么是仿饰漆呢？它的原文其实是 Faux Finish，Faux 在法文中是"假"的意思，Faux finish 直译就是假完工，也就是运用漆料来模仿木纹、砖头、皮革、蛇皮、金属、布料、花岗石、大理石等各种材质的技法。

根据维基百科所述，仿饰漆已有上千年的历史，在古典时期以仿画大理石、木纹和仿真壁画为主流，当时的学徒至少要学十年以上才能出师。19 世纪时由于新古典风潮兴起，仿饰漆再度受到瞩目，而在 20 世纪 20 年代，"装饰艺术"（Art Deco）的盛行，也让仿饰漆又一次成为妆点壁面的主角，只不过它大多被用于商业与公共空间。

20世纪80年代与90年代初期，由于壁纸的势微，仿饰漆成为欧美装修豪宅时常用的技法，但随着工具与漆材的日新月异，仿饰漆已深入一般民宅，成了备受欢迎的DIY工程之一。热爱仿饰漆的人们认为，壁纸一旦贴上就不易去除，用漆则比较省事，日后还可以随心所欲地更新壁面外貌。

常用仿饰漆手法有以下几种：

1. 水洗法（Colorwashing）

是先上底漆后，再上一种或多种颜色的色漆。上漆后，在湿抹布上卸除一些漆（也可在刷子上喷水），趁色漆未干，以打叉叉的方式走刷将色漆去除，营造色彩朦胧的壁面效果。

2. 仿大理石纹漆法（Faux Marble）

在意大利庞贝古城被广泛应用，但直到文艺复兴时期才风行全欧，并形成两股分支。意大利流派的风格自由奔放且较具艺术气息，法国的流派则较拘泥于形式并强调逼真。仿大理石纹漆法几世纪以来被大量运用于欧洲各地的教堂、宫殿与公共空间。凡尔赛宫、伦敦的白金汉宫里也有许多仿大理石纹漆法的漆作。

3. 仿真壁画（Trompe l'oeil）

Trompe l'oeil是法文，意思是使眼睛误解，也就是所谓的障眼法。例如在墙上画一扇门，真实到你可能会想去开开看。要施作仿真壁画，除了高超的上漆技巧，也需有相当深厚的西画技巧才能成事。

第6章 材料创作

材料的选择以及它的造型、颜色都是对建筑物的"身份"的某种反映。在传统社会里，材料属于那些表明本人社会地位的符号象征。在如今更加个性化的现代社会中，材料已成为一种个性化的表示，可多方面地体现设计师的个人趣味、性格和见解等。材料是设计中最活跃、最具表现力又最需要经验技巧来驾驭的元素，其创新变化成为设计变革的动力。过去人们往往习惯通过对设计语言的分析来阐释设计的演进，然而这其中材料及其观念的变革起着至关重要的作用，因为材料使设计得以存在并且得以物质呈现。

近年来，材料自身所蕴涵的生命力和表现力被重新认识并成为建筑和室内设计创作的取源之一，设计中材料表现呈多元化的发展趋势。这些多元化的材料表现特征带来了生动丰富的空间形象，也使得建筑具有鲜明的个性。由于材料的突出表现，一些建筑及室内设计已成为先锋前卫的艺术作品。

材料应该是未来设计最令人兴奋的元素，因为材料为我们的创新与改进提供无限的机会。本章分别就建筑与室内设计的创作实例来阐述材料非常规应用的可能，并提供了一些材料在设计细节处理上的方案实例。

在物，它的表皮正如人的衣服，要适应场合，要贴合身材，因此，分析表皮要先感知建筑。从平面到立面，由远及近慢慢地走近建筑，你会发现材料的特殊表情（图6-1～图6-8）。

● 图6-1 现代建筑创作材料根据形体结构需要选择

6.1 建筑材料创作

每一位建筑师都会对材料这种构成建筑表皮的要素有自己的理解，没有一个建筑师会否认它对于建筑的塑造能力。正如赫尔佐格所言，"有些东西不太引人注意却影响着人们的日常生活，住在用混凝土造的房子里和住在用木、石建造的房子里是不同的，材料不只是形成了围合空间的表面，而且也携带并表达着房屋的思想。"建筑总归是一个整体的存

● 图6-2 现代建筑创作大胆暴露管道使之也成为建筑材料

● 图6-3 木材的加入丰富建筑表情（伦敦街道）

● 图6-4 贴纸装饰的曲美大楼

● 图6-5 瓷砖碎片加上绿化组成的建筑立面（维也纳）

● 图6-6 雕塑结合现代建筑的立面

● 图6-7 能反映地方用材特征的建筑（福建泉州）

● 图 6-8　表达中国传统建筑文化的立面（潭鱼头酒店）

● 图 6-9　通过对建筑立面进行肌理处理达到全新视觉体验

● 图 6-10　起伏的建筑表皮材料（局部）

在现代建筑艺术创作中，可以通过运用各种现成或非现成的材料以及普通的或怪异的材料，力求串联它们所带给人的一些想象的空间，这就迫使建筑师在建筑创作中要对材料的运用和理解达到一个新的更高层次，并能娴熟地利用各种材质进行创作，更好地结合现代的技术来体现建筑的体积、空间、重量、质感、形体等形式语言和创作者所要传达出的思想，使作品能给人以视觉冲击（图 6-9、图 6-10）。

这种材料创作中观念的发展变化，也是与创作者对材料的综合运用密切联系在一起的。现代建筑作品之所以呈现出前所未有的多元化、自由化局面，正是与建筑师们在利用材料特性、发现材料特性等方面进行探求不无关系。

6.1.1　建筑材料如同我们的头发

建筑材料犹如我们的头发，头发的美容给人类带来了最多的荣耀，建筑材料是为建筑美容；同时头发利于保护头部，材料更是有利于保护建筑物；头发经常是和头部不可分割的，材料有时也同样和建筑物不可分割。一个人对于头发造型方式，以及它的颜色的选择是主人身份的某种反映。头发成为一种个性的展示，多方面地体现了其主人的趣味、职业、性格和见解等。头发塑造人，材料塑造建筑；头发需要日常小心照料呵护，材料也有维护与清洁的要求；谢顶的人有可能会招来嘲笑，建筑材料也会经不起时间的考验，发生剥离和脱落。

头发发展的趋势是要求表达越来越多的多元化而不是一体化；更多吸收异地他乡的色彩与技艺，赢得新的风采和变化：烫发、卷发、拉直，头发从未停止向外发送交流的信息，同时也愈沉溺于纯粹的自我陶醉之中；头发可以用成百上千种方法巧妙地、引人注目地加以改变，改变后的状态可以是长久的，也可以是暂时的，建筑也是同样。我作这个比较是由于看到今天的建筑表皮材料的运用在不断地变换花样，建筑师在乐此不疲地进行着对其作品的美化。

6.1.2　建筑表皮与表皮建筑

表皮就是建筑的围护结构，从建筑表皮到表皮建筑并非只是文字的游戏，不是有了表皮就可以是表皮建筑。从古至今，大部分的建筑都是有表皮的，可是能称表皮建筑的只有在近十几年才有。表皮的情况是复杂的，有的时候它是一种附加物（常常是有功能的）。或许当表皮占据了视觉主体的时候，由于它传达了自己的信息，而使得建筑本来的东西被处于弱势的地位。表皮和立面是两个层面上的概念，是在不同的讨论中分别使用的词语。有的时候，表皮和立面是一个东西，有的时候却不是。遮挡作为建筑表皮处理的一种思路由来已久。

说到"表皮"两个字总归要强调它的二维连续性，而非三维连续。表皮的定义并没有排斥厚度和内部结构。作为策略的表皮，在对应当今城市消费文化和信息技术方面有其独特的性质，它带来了一种新的建筑逻辑，刺激形成"前卫"的建筑形式。一定程度上，表皮已经成为了这个时代的前卫建筑的一个驱动器（Generator）。"表皮"的最科学的翻译应该是 Epidermis。

在建筑发展的历史过程中，表皮的概念一直是模糊的、复杂的、多重的。不同的历史时期，不同的理论派别，对表皮都有独特的界定。

哲学家斯特尔（Avrum Stroll）提出四种表皮的定义。第一种定义是达芬奇提出的抽象的表皮，即表皮是相邻物体的交界面，没有体量，不属于相邻物体的任何一方，是区分两物体的抽象体。第二种定义是物理主义的抽象表皮。此时的表皮是某个实体的抽象体，没有具体的形态，但具有概念上的界定功能，将实体与外部世界区分开来。第三种定义是物体的表皮，即覆盖于通常物体表面之上，用人眼可以清晰地辨认，具有体量和各种物理化学性能和千差万别的视觉表象的具体的表皮。第四种定义是科学观念下的物质表皮，即表皮为物体最外层的原子。在微观世界里，原子层构成的表皮是物体与其他媒介分割的界面，它是非均质的。表皮的多重定义为人们对表皮深层次地认识提供了可能。

心理学家吉布森（Eleanor J. Gibson）认为我们对外部世界的感知是建立在物体的表皮跟我们的视觉系统的关系上的。而由表皮构成及呈现了物体的各种视觉形式，并经由视觉转化成各种信息而被我们认知。这样表皮就成为被掩盖的物体的内部和外部世界交流媒介。也使得表皮取代空间而成为建筑创作的首要问题。

直到信息化社会的来临，表皮得以空前未有地发掘，被赋予更宽泛、更深层的意义，并引起建筑界的广泛关注。新兴的数字技术为表皮的设计提供了前所未有的自由度，使任意形状的建筑表达都成为可能，人们通过日益更新的视觉媒介，不断创造全新的、多样的视觉体验。

6.1.3　表皮建筑实例

1. 北京奥林匹克运动会主体育场——"鸟巢"

由世界著名建筑家赫尔佐格和德穆隆（Herzog & de Meuron）为设计联合体总建筑师的"鸟巢"方案，向我们展示了天才建筑家是怎样通过普通的材料和独创的手法，赋予建筑以崇高的生命。赫尔佐格和德穆龙，他们对建筑表皮的关注可谓由来已久。他们沉迷于材料的使用，沉迷于自然界的巧妙的形态。他们在用这些东西刷新建筑师的手段和大众的眼睛。

"鸟巢"位于北京奥林匹克公园中心区的南部，为 2008 年第 29 届奥林匹克运动会的主体育场。工程总占地面积 21hm²，建筑面积 258000m²。场内观众坐席约为 91000 个，其中临时坐席约 11000 个。在此举行奥运会、残奥会开闭幕式、田径比赛及足球比赛决赛。奥运会后成为北京市民广泛参与体育活动及享受体育娱乐的大型专业场所，并成为具有地标性的体育建筑和奥运遗产。

这个设计方案主体由一系列辐射式钢网状结构旋转而成，因酷似中国瓷器冰裂纹和"鸟巢"的形状，而得名"鸟巢"。其灰色矿质般的钢网以透明的膜材料覆盖，其中包含着一个土红色的碗状体育场看台，恰似北京故宫青灰色的城墙内矗立着红墙垒筑的宏大宫殿，饱含东方式的含蓄美。它的形象乍看起来令人惊讶，但仔细琢磨，自有它的道理。"鸟巢"的形状不仅让人觉得亲切，而且还给人一种安定的感觉。"鸟巢"在世界当代建筑史上具有开创性的意义。其一，鸟巢孕育生命，而运动延续生命，其内涵是内敛的，这恰恰是中国文化的一个特点，很像中国古代的文人画。其二，"鸟巢"的结构来自瓷器的纹理，同时又表达了对中国古代漏窗的尊敬（图 6-11）。

● 图 6-11 "鸟巢"建筑局部

● 图 6-12 "鸟巢"建筑内部的吊顶

吊顶的装饰以同一的建筑语言构成连接外部和内部的元素，通透的造型使空间更具丰富的层次并提升高度感(图6-12)。

双面印花玻璃幕墙再一次传达着统一风格的建筑元素(图6-13)。

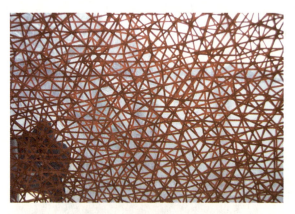

● 图6-13 "鸟巢"建筑内部的栏板材料

"鸟巢"的室内观光楼梯非常独创地形成外部网架的延伸，与整个建筑的表皮和网架结构融为一体(图6-14)。

● 图6-14 "鸟巢"建筑内部的楼梯

2. 美国加州的多纳米斯葡萄酒厂——石头作为建筑表皮的应用实例分析

这座建筑是建筑师赫尔佐格和德梅隆创造性地使用石材的经典之作。酿酒厂是一个简单的矩形体量，长100m、宽25m、高9m，分三个功能区域，即酒窖、存放两年以上的大桶间和成品库房。当地气候昼夜温差大，适宜酿酒用葡萄的生长，但对酒的储藏和酿造不利。赫尔佐格和德梅隆试图设计一栋能够适应并利用那里气候特点的建筑，他们想使用当地特有的玄武岩作为表皮材料，这样白天阻隔、吸收太阳热量，晚上将其释放出来，可以平衡昼夜温差。但附近可以采集到的天然石块却比较小，无法直接使用。于是他们设计了一种金属丝编织的"笼子"，把形状不规则的小块石材装填起来，形成尺寸较大的、形状规则的"砌块"，把它砌筑在混凝土外墙和钢构架上，形成建筑表皮。这些石头有绿色、黑色等不同颜色，与周边景致优美地融为一体。根据内部功能不同，金属铁笼的网眼有三种不同大小规格：大尺度的可以让光线和风进入室内；中等尺度的用于外墙底部以防止响尾蛇从填充的石缝中爬入；小尺度的用在酒窖和库房的周围，形成密实的遮蔽。石头的排布根据需要变化疏密程度，所以石墙的下部很密实，而在上部，白天的自然光能渗透到室内，夜晚室内的人工光线也能透过石头到达室外。石似乎成了"液体"，成为被容纳物。金属编织筐内放入大量当地石料，这种做法在公路施工中也曾出现，但在此作为一种不透明的材料并以建筑表皮示人实为首创，更可贵的是此法并非留于形式，石的储热及保温性能使酒的酿造温度得到保证，同时半透明的石筐为室内空间提供了绝佳的光照效果。这种被赫尔佐格和德梅隆称为"石笼"的装置，具有一种变化的透明特质，好像给建筑披上了一件外套，具有大地艺术的感觉(图6-15～图6-17)。

3. 北京国家游泳中心——"水立方"

"水立方"是一个177m×177m的方形建筑，高31m，看起来形状很随意的建筑立面遵循严格的几何规则，立面上有11种不同形状。内层和外层都安装有充气的枕头，梦幻般的蓝色来自外面那个气枕的第一层薄膜，因为弯曲的表面反射阳光，使整个建筑的表面看起来像是阳光下晶莹的水滴(图6-18)。而如果置身于"水立方"内部，感觉则会更奇妙，进到"水立方"里面，你会看到，它就像海洋环境里面的一个个水泡一样(图6-19)。

该设计把"水"的概念应用到了极致，不仅在整体构造上体现了水的感觉，还在建筑中用到了水分子的结构。"水立方"的墙上和屋顶上紧密地排列

第 6 章 材料创作

● 图 6-15 "酒厂"大小不同的石头分类装饰的建筑立面

● 图 6-16 "酒厂"的石头装入金属编织的"笼子"

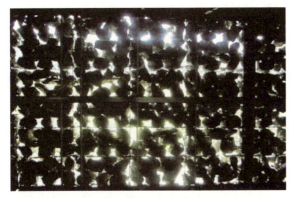

● 图 6-17 "酒厂"内部向外看的墙面肌理效果

● 图 6-18 "水立方"建筑外立面

● 图 6-19 "水立方"室内

着硕大的、形状不规则的浅蓝色"泡泡",使这个刚硬的"方盒子"充满了果冻般的柔和感觉。

四氟乙烯是一种乙烯与四氟乙烯的共聚物,是经过改进了的一种聚合树脂。用于建筑中的四氟乙烯通常是通过挤压形成很薄的薄片生产出来的,这种薄片较多地用于建筑的双、多层充气膜结构中。单片膜的跨度与其荷载有关,一般为 2～5m。最大的四氟乙烯膜结构可伸展达 50m。四氟乙烯薄膜能够制成任何形状和尺寸,满足大跨度的要求,节省了中间支撑结构。

105

四氟乙烯是一种阻燃性且自熄性材料。熔点在275℃左右,当材料接近它的熔化温度时,它就会软化,内部气压使其表面形成孔洞,让热空气排放出去。放烟花时,虽然会对其造成损害的可能性,但对整个建筑不造成任何威胁。

四氟乙烯本身为自洁性材料,摩擦系数非常小,表面很光滑,加上曲线形的形状,灰尘很难附着。即使有少量的附着发生,也会在干燥后被风等自然力非常容易的清除掉。由于氟的聚合物很难与空气中的其他化学物质发生反应,对于屋顶,一般情况下,每4或5年清洗一次即可。

4. 西班牙毕尔巴鄂古根海姆博物馆

该博物馆的引人之处在于它的外形设计。从外表看,与其说它是个建筑物,不如说是一件抽象派的艺术品。它由数个不规则的流线型多面体组成,上面覆盖着3.3万块钛金属片,在光照下熠熠发光,与波光鳞鳞的河水相映成趣(图6-20)。尽管建筑本身是个耗用了5000吨钢材的庞然大物,但由于造型飘逸,色彩明快,丝毫不给人沉重感。古根海姆博物馆是应用钛金属建筑中最成功的例子(图6-21)。

● 图6-21 钛金属用于装饰建筑表皮

● 图6-20 毕尔巴鄂古根海姆博物馆外立面

这座雕塑般的巨大建筑从表面上看有点令人眼花缭乱,因为它由一系列建筑碎块拼镶而成,这些碎块有的是规则的石建筑,有的则是覆以钛钢和大型玻璃墙的弧形体。然而整个建筑并不是毫无章法,事实上它是绕着一个中心轴旋转成形的。这个中心轴是一个扣着金属穹顶的空旷的中庭,光线可以透过玻璃墙照进来。从这个中心开始,一个由曲折的走道、玻璃电梯和楼梯组成的系统把19个大小、形状不一的画廊连接在一起。博物馆的室内设计极为精彩,尤其是入口处的中庭设计,被弗兰克·盖里(Frank Gehry)称为"将帽子扔向空中的一声欢呼",它创造出以往任何高直空间都不具备的、打破简单几何秩序性的强悍冲击力,曲面层叠起伏、奔涌向上,光影倾泻而下,直透人心,使人目不暇接。在此中庭下,人们被调动起全部参与艺术狂欢的心理准备。

古根海姆博物馆极大地提升了毕尔巴鄂市的文化品格,1997年落成开幕后,它迅速成为欧洲最负盛名的建筑圣地与艺术殿堂。据说自古根海姆博物馆修建以来,毕尔巴鄂市的旅游收入增加了近5倍,而花在古根海姆博物馆上的投资2年之内就尽数收回,毕尔巴鄂一夜间成为欧洲家喻户晓之城、一个新的旅游热点。弗兰克·盖里也由此确立了其在当代建筑的宗师地位。

深受洛杉矶城市文化特质及当地激进艺术家的影响,弗兰克·盖里早期的建筑锐意探讨铁丝网、波形板、加工粗糙的金属板等廉价材料在建筑上的运用,并采取拼贴、混杂、并置、错位、模糊边界、去中心化、非等级化、无向度性等各种手段,挑战人们既定的建筑价值观和被捆绑的想像力。其作品在建筑界不断引发轩然大波,爱之者誉之为天才,恨之者毁之为垃圾,弗兰克·盖里则一如既往,创造力汹涌澎湃,势不可挡。终于,越来越多的人容忍了弗兰克·盖里，理解了他，并日益认识到他的创作对于这个世界的价值。

5. 西班牙巴塞罗那圣卡特纳市场改建

圣卡特纳市场（Santa Caterina Market）位于巴塞罗那市中心，是一个人潮涌动的传统市场。巴塞罗那政府委任西班牙的 EMBT 建筑事务所对其进行了翻新和修复，于是这个造型独特的新市场诞生了，它巧妙地衔接了新、旧两种结构，为该地区带来了鲜活的生命力。市场的顶部像波浪一样地延展着，又像是一块在空中展开的布料，共有 5500m² 的面积，由三角形的木梁和金属柱子支撑着。无论是谁路过这里，总会被这些鲜艳的颜色感染，忍不住到市场里转一转（图6-22）。

● 图 6-22　圣卡特纳市场俯视效果

设计者被卖场漂亮的水果和蔬菜激发出彩色屋顶的灵感。屋顶犹如提供给周邻住户的超大彩色蔬果桌巾（如同悬于半空、正在铺摆姿态的冻结）。彩色的屋面就像彩虹糖一样给人无尽的甜蜜感。色彩绚丽的巨型蔬菜水果：苹果、番茄、面包，暗示了建筑功能，符合建筑性格。

建筑屋顶是复杂的曲面，为了让表面的材料更贴合建筑的结构曲线，建筑师选择将瓷砖切割成六边形，用编织和拼贴的方式进行衔接。这样的设计掩饰如纯粹功能的元素，它的图像容易安装和维持，并且非常廉价。色彩的出现给建筑带来更大的可能性。特制的六角形瓷砖被分批印染上 67 种微妙的色彩，每个瓷砖再联合成六边形，强调了六角的单元形，非常引人注意。经过完美地计算，这 300000 片瓷砖被分为 7 组，然后经过安装贴合到 5500m² 的巨大屋面上。每个整个的屋顶有 57 个方向的扭转。这样的设计非常符合几何学的原理。光滑鲜亮的质地把屋顶变换成了一个彩色的桌体。设计的结果是制造了一个醒目的外表以及无法想象的组合和色彩（图6-23 至图6-25）。

● 图 6-23　圣卡特纳市场俯视局部

● 图 6-24　圣卡特纳市场立面局部

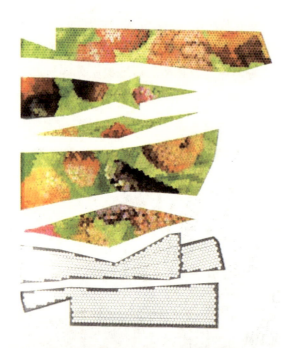

● 图 6-25　水果色彩图形被结合进六角的单元形

● 图 6-26　巴黎阿拉伯世界文化中心外立面

● 图 6-27　巴黎阿拉伯世界文化中心内部"镜头窗"

6. 法国巴黎阿拉伯世界文化中心

阿拉伯世界文化中心坐落在巴黎塞纳河南岸一块曲线的三角形基地上，作为阿拉伯世界在巴黎的展示场，集博物馆、展示中心、图书馆、文献及会议功能于一体。表述着阿拉伯与西方、传统与时尚、艺术与科学、创新与传承等一系列关系。让·努维尔擅长用材料、光创造具有完善符号意义及文脉要求的建筑物，这种符号的系统与建筑的外立面、内装饰面有关，然而感动我们的却不仅仅是这些，他所构成的是一个完善的文化系统。

主体为混凝土、钢构结合，外立面南墙是玻璃幕，幕墙内壁为不锈钢方格构架，构架上装有数百个1.5m的金属光敏"镜头"帘。这个矩形建筑的玻璃外部被金属的屏所覆盖，完全是极简抽象风格。但这些屏由单个可移动的孔径组成，像眼睛的虹膜控制阳光的进入量，金属"镜头"帘组合成阿拉伯"细密画"图案的自动控光装置，内联接精巧的电子设备，通过光敏传导器控制"镜头"的开合。

结合中心釉料立面条纹的采光井，敏锐地利用反光、折射、背光等效果造成的精确空间中光线的组织和变化，获得了具有幻觉效果的室内外环境，同时也展现了传统阿拉伯典型"真实性"的建筑元素。南立面阿拉伯文化中常见的几种几何图形，用现代活动快门造型重新诠释（图6-26、图6-27）。

7. 旧金山德扬博物馆新馆

德扬博物馆是旧金山最早建立和最大的博物馆。初建于1895年，是为了1894年金门公园的加州世界博览会而建造的纪念博物馆（图6-28）。它最早是埃

● 图 6-28　德扬博物馆新馆建筑立面

及复兴式建筑，在 1916～1955 年间改建成了由 6 座单体建筑组成的建筑群，1989 年毁于大地震。新德扬博物馆位于金门公园内，金门公园是一个绿植丰富的公园。为了使建筑融合于环境，与周围的环境对话，赫尔佐格和德梅隆选取了金门公园绿植的图片，将图片与电脑技术结合，不断地放大，寻找抽象图像，将树木立面的图片进行印刷点阵处理（图 6-29）。

● 图 6-29　将树木立面进行印刷点阵处理

赫尔佐格和德梅隆试图探索为简单的建筑形体赋予复杂多变的表皮材料，这是他们又一次驾轻就熟的铜表皮。在整个建筑连续统一的表皮覆盖下，阳光和阴影随着时间不断变换。对铜皮进行穿孔、锻压形成连续的点状突起或洼陷，是他们在计算机控制下对日常材料进行转化的方式。结果形成了从通透到完全不通透的连续渐变的序列（图 6-30～图 6-33）。

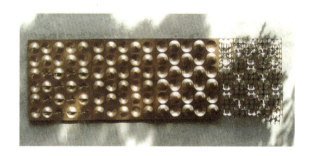

● 图 6-30　铜皮穿孔（一）

从瑞士建筑师赫尔佐格和德梅隆的作品中，我们可以发现他们对建筑本源孜孜不倦地探求。他们摒弃了芜杂的手段，直接从材料和建构入手，以最纯粹的心灵拷问上帝。在他们的作品中，建筑的意义、场地等形而上的因素让位于材料、效果等更为直接、更具有感性意义的因素。"建筑是变化的，是

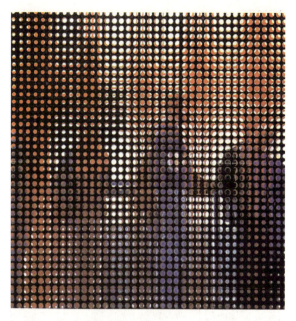

● 图 6-31　铜皮穿孔（二）

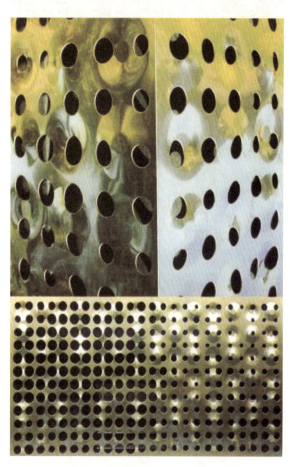

● 图 6-32　铜皮穿孔（三）

四维的"，这在他们的建筑中有了实质性的表达，建筑随着季节、气候而改变。

● 图6-33 铜皮穿孔(四)

6.2 室内材料创作

室内设计的各种意图，也必须通过材料的合理运用来完成，可以用在室内环境中的材料很多，但要达到合理运用则比较困难。好的设计方案，它的功能效益、经济效益以及其自身价值，成倍地超过一般方案，显示出设计的作用和魅力，这当中少不了材料的表现。

一个室内设计师要想有不衰的创造力，只找到偶然使用的材料还不够，要通过生活现象看到事物的本质，有价值的材料就像璞中之玉，只有剥掉石层，才能见到美玉，才能从平凡的生活里找到不平凡的材料。原来，在我们周围的生活中存在着两种类型的材料，一种是常规型材料，经常要用的材料，比如涂料、花岗石、木材、瓷砖、玻璃等，是人们"司空见惯"经常用的材料；另一种类型是反常型、偶然使用的材料，通俗的说就是能令人耳目一新的材料。比如树枝、绳子、玻璃杯、冰、琉璃、毛皮

等，这类材料出现在室内环境中往往能引起人们的注意，或是吃惊，或是慨叹，一般人在吃惊、慨叹、嬉笑之后就遗忘了，然而一个室内设计师必须把这些牢牢地捕捉住，存入自己的记忆库，等到有机会时加以应用。这些是原创设计的火花、亮点，能使设计显示异常新鲜有趣的设计细节。

在日常生活中只要稍加注意，找到这类材料和发现能够应用的这类材料并不是很困难，只是要打破常规，头脑中不能有条条框框。必须说明，这类材料的使用对象会有很大局限，用得多和用得频繁也同样会使人厌倦，同时用得少也就说明其使用有很大难度。

我们要对现在边缘的一些材料，包括身边的一些非常规材料更加关注，发掘其中所暗含的发展前途，只有这样，我们以后的常规材料才能越来越发展，现在的边缘很有可能就是未来的主流。作为一名设计师不能局限于流行或一些现成的材料，要勇于发现，开拓材料的新空间，尝试采用非常规装饰材料。

6.2.1 非常规材料如同音乐中的非音响素材

经常我们看到有些似乎绝对不可能用于装饰材料的材料，却意想不到的制成了装饰材料，一些毫不沾边的东西意外地组合，出现了奇特的与众不同的效果。为了便于理解，类比一下同样是艺术门类的音乐创作手法来说明其可行性。

非常规材料的使用如同音乐中非音响素材的使用，传统的音乐创作主要采用乐器的声响作为音响素材。我们发现除此以外的很多音响素材也被采用到音乐作品中。除了乐音以外，所有自然界和非自然界的声音素材都可以被认作是非传统非常规的音响素材。非传统音响素材的运用给创作者带来了极大的创作空间。

自然界音响素材包括很多，比如大海的波浪声、电闪雷鸣、风声、雨声、虫鸟叫声、直升飞机的声音、打枪的声音、电话铃声、敲门的声音、打字机声、敲击酒瓶的声音、挪家具的声音、收音机的声音、高频电磁波声等，可以说只要能发出声响的物体都可作为音源。这些都是人们常听到的大自然的声音，也是近现代音乐作品中经常出现的非传统音响素材，表

现最为突出的是新时代音乐和流行音乐，作者的意图显而易见，因为非传统音响素材在音乐中能够给音乐起到烘托的作用，是对音乐的一种渲染，使音乐更富有动态，让听者有种身临其境的感觉。

非自然界音响素材是建立在自然界音响素材的基础上的，它是通过采集自然界音响素材加工而成，所得的音响效果往往是人们在生活中所不能听到的声音。非自然界音响素材运用到音乐作品中能使听者充分发挥自己的想像力，超脱了现实去感受作品。非自然界音响素材采集相对自然界音响素材稍显麻烦些，它是用电子技术获得各种新的音源，使之变形、变质、变量，再经过其他电子仪器和录音技术加以剪接处理，使之再生、复合、组成作品。制作者运用这些电子技术，可以任意组合各种奇异的音响，纷繁多变的节奏，制造出人声和乐器所达不到的音域和速度。

音乐创作如此，空间艺术设计创作也是同样道理。建筑及室内环境中的材料选择也存在非常规材料的使用问题。在设计作品中加入非常规材料应力求做到用而不滥，少而精辟，能清楚地表达设计人的思想，也能让观者充分发挥自己的想像去感受空间，不能随意堆砌，否则就是画蛇添足。非常规材料的运用对当代建筑及室内设计发展具有重大意义。根据作品需要加入合适的非常规材料能使作品更加生动。所以关于材料只要看得见摸得着的介质，都可以使用。另外，不同风格元素的混入在音乐创作中也十分多见。所以，材料的创作手法也可以加入不同风格的图形元素（也就是图案）来左右设计。

6.2.2　非常规材料中的自然材料

1. 竹

竹，茎中空，表面分节，多为绿色，可以长得高如大树，我国古代常用它隐喻崇高气节，以及超凡的人生境界，这使得竹子具有了鲜明的东方民族特征。我国竹类资源丰富，竹种类多达1200多种，在室内使用能给空间带来民族文化的气息。竹的质地坚韧，表皮手感光滑，缺陷有虫蛀、腐朽、吸水、开裂、易燃、弯曲等，抗拉、抗压、抗弯能力较强，不易折断，但缺乏刚性。竹不易变形，经高温蒸煮与碳化，不生虫，抗潮耐水，柔韧性能好，竹材具有环保、耐久、吸水率低、廉价、美观的优点。在室内设计中能够体现自然的感觉。

天然竹材可以大面积地形成序列作为室内的隔墙、顶棚，也可以小面积地点缀在屋子的角落，营造出东方的具有诗意的高雅空间。相互交错有次序有节奏的竹竿排列在玻璃隔墙中，既可以起到隔断空间的作用，又具有很强的装饰性，使空间充满生气（图6-34～图6-36）。

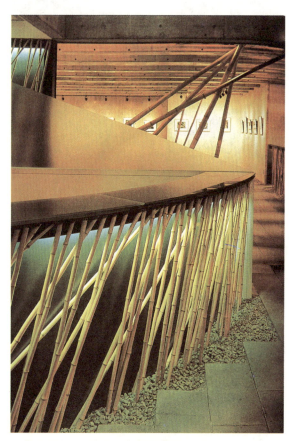

● 图6-34　竹材用于室内环境装饰

2. 藤

藤材其种类有200种以上。生长分布在亚洲、大洋洲、非洲等热带地区，其中产于东南亚的质量最为好。藤是植物中最长的、质轻而韧，极富弹性。一般长至2m左右都是笔直的。故常被用作藤制家具及具有民间风格的室内装饰用面材。

● 图 6-35　竹材的应用（长城脚下的公社）（一）

● 图 6-37　藤材用于吊顶（云上茶堂）

● 图 6-36　竹材的应用（长城脚下的公社）（二）

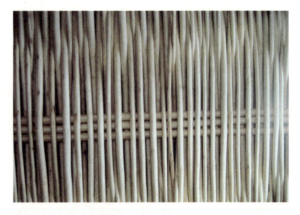

● 图 6-38　藤材肌理

藤的种类多样，在外观上也具有差别。土厘藤产于南亚，皮有细直纹，芯韧不易断；红藤产于南亚，色红黄，其中以浅色为佳；白藤产于南亚，质韧而软，颈细长，易做家具；白竹藤产于广东，色白，外形与竹相似，节高。用于编织藤制家具的主要是竹藤、白藤和赤藤。竹藤又名玛瑙藤，被誉为"藤中之王"，是价格最为昂贵的上等藤，原产自印尼和马来西亚，不但美观、组织结构密实、有高度的防水性能，而且这种藤极富弹性，不易爆裂，经久耐用。可做墙面装饰等，表达着质朴自然。藤常被用作藤制家具及具有民间风格的室内装饰用面材。经过编织，藤可以用作饰面或直接作为空间的隔断，由于藤的编织手法多样，因此得到的效果也各不相同（图 6-37、图 6-38）。

藤材的规格分为藤皮、藤条和藤芯。藤皮又可以分为阔薄藤皮（宽 6～8mm，厚 1.1～1.2mm）、中薄藤皮（宽 4.5～6mm，厚 1～1.1mm）、细薄藤皮（4～4.5mm，厚 1～1.1mm）。

3. 麻

麻类植物的纤维，是纺织等工业的重要原料。风格独特，品种繁多，有苎麻、亚麻、黄麻、洋麻、大麻、罗布麻、剑麻等。它们大都手感粗犷。颜色以象牙色、棕黄和灰色为主，精炼漂白后洁白，色泽柔和、优美。纵剖面有纵向条纹，竹节痕迹，粗细不匀。作为装饰材料，拥有强度高、吸湿性好、防水性较好、耐腐蚀的特点。它们表面粗细不匀，条影明显，质地坚牢耐用。还具有较好的不易霉烂、不虫蛀的性能。在室内空间的设计中，它们能软化空间气氛，同时，还能营造出自然纯朴的意境。各种染色麻材具有独特的色调及外观风格。视觉效果朴素、自然，朴实中透出原生态的气息。配合着灯光投射的效果，表面光泽自然柔和，能营造出一种柔软、舒适、温馨的意境。设计中，由于质地柔软，它们能被塑造成不同形态的装饰元素，如麻绳、麻布，或制作成屏风等。主要用于墙面、顶棚、隔断装饰或是装饰挂件,表达着质朴典雅的气氛,富有东方情调。在营造出清新淡雅的视觉效果的同时,也给人以强烈的亲和力。用麻材装饰空间,不耐摩擦,应该注意防火。

4. 水

水是最常见的物质之一,水自古就是"灵性"的象征,在室内用水作装饰可以提升室内的气氛特征,更有"亲自然"的效果。水不但可以降温增湿,给人清凉感受,是室内绿化的一种自然景观,且水的折射率和透明度都很高,配合灯光的装饰效果更加有趣(图6-39)。水可以分为静态的水和动态的水,不同状态的水可以传达出不同的表情。静态的水,直接放置于室内,模拟水塘一隅,能体现大自然的气息。动态水的使用,根据水流的速度和水量,形式多样,分为急速(水帘:线形状态)和慢速(水滴:点形状态)。

● 图 6-39 室内空间中的水材质的应用

5. 砂和土

土是地球岩石表层经亿万年风化和生物活动所形成的物质。迄今为止,绝大多数作物都是在土中栽培。土的密度不同,形态也有所差别。土固体大颗粒称为砂粒,中等粒径的颗粒称为粉粒,细小颗粒称为黏粒。根据三种土粒含量不同,将土分为12类,其中较为典型的有3种:砂粒含量特别多的是砂土;黏粒含量特别多的是黏土;而砂粒、粉粒、黏粒三者比例相等的是壤土。

中国土资源丰富,类型繁多,按照所含矿物质的成分不同,及所处的地理位置不同,土质颜色也各不相同;有关中国各地土质颜色,古代君王祭祀台,中间均填以五色泥土,象征疆域广阔、"普天之下,莫非王土"之意,称为五色土。中国地域广大,各地泥土颜色不同,五色土的五色分别为中黄、东青、西白、南红、北黑,以象征五行。又因为按照地理位置,中国中部,武汉、南京一带,土为黄色,东部沿海,上海一带土为青色;西部新疆、甘肃一带,土为白色;南方如广东、海南,土为红色;而中国北部东三省,土为黑色。

土是可以直接用于装饰室内界面的一种材料,造价低廉、施工简便,可以营造出陈旧、尘封、朴实、自然的感觉。在室内工程中用的最多的是砂土,根据出产地的不同,砂子分为海砂和湖砂;根据外貌的不同,砂子分为细砂、中砂和粗砂。砂子可以直接小面积铺设裸露于地面,配合灯光可以营造特殊的光影效果,或者用较粗的砂粒制造肌理效果。或将砂子铺于透明玻璃之下,既可以营造自然的环境氛围,又不影响室内环境的清洁维护(图6-40)。

● 图 6-40 白砂石的应用

6. 花

花——它们大都芬芳四溢，绚丽多彩，是生命的象征，给人各种美好的想像。花作为室内的装饰材料可以分为天然花和人造花。天然花曼妙多姿，充满生机，但是不易保持长久；人造花耐久性较好，但稍显僵硬刻板。花的装饰性在于以下几个方面：一是寓意浪漫、温馨，用于室内装饰可以营造气氛；二是种类和造型多样。

在进行室内设计时可以用整朵的花作局部的装饰，大面积地随机组合，形成肌理，再利用光的照射形成不同的迷幻效果，这一方式可用于顶棚和某些墙面的处理上。在一些透明饰面的处理中，则可以将花瓣撒入其中，并注入透明聚酯液体，做出绚丽的表面材料。也可以将花与其他材料如玻璃做成复合材料，具体方法可以在玻璃与玻璃之间加入花瓣，便得到嵌有花瓣的装饰材料。

7. 树枝

树枝是天然木本植物的枝杈部分。它们的表面颜色多为黑褐色，个别为灰白色，触感大都较为粗糙生涩，视觉效果朴素、粗犷。树形、树种的千差万别造就了它们多变的形态，朴实中透出自然的气息的同时，又可以给人某些文脉上的联想。而且，它们大都取材方便，不需要过多的加工，是一种既环保又经济的可再生材料（图6-41、图6-42）。

● 图6-41　树枝作为空间分隔（城市里的狼窝）

● 图6-42　树枝作为吊顶装饰

树枝的造型多样，经过处理的树枝在带给室内空间生机的同时，又能在空间环境中形成迷离的光影，让人琢磨不定。用树枝的断面以序列的方式排列作为空间的隔断，可以获得古朴典雅的视觉效果；顶棚处随机点缀些树枝能打破室内僵化的气氛，营造出一种都市乡村风格的室内空间效果。基于这一材料施工上的便利，以及材料本身的特性，我们一定还能探索出更多有趣的应用方式。一般树木只有成材后才有可能加工使用，而未成材的较细树干是不是只能去做人造板材呢？比如，碗口粗的枝干切片组合也有种特殊的肌理效果，可以用于特定的装饰墙面。

8. 羽毛

羽毛是鸟类特有的，是一种表皮的角质化衍生物。羽毛通常可以分为两种：正羽和绒羽。正羽，包括被覆体外的大型羽片（廓羽）以及在翅和尾部着生的飞羽和尾羽。由于鸟类种类繁多，羽毛具有不同形状和多样的色泽。它的质地柔软、轻盈，手感舒适，并且有一定的防水性，是一种亲近人体的材料；同时，它取材方便，可以再生，又是一种良好的环保装饰材料。使用羽毛作为装饰往往会带来高雅的视觉感受。

在实际工作中某些鸟类的尾羽和飞羽被用于了墙面的装饰，比如，把孔雀等鸟类的尾羽贴墙，从而让室内空间变的雍容华贵、大气磅礴。白色羽毛装点的空间则会给人活泼、纯洁的心灵感受。而如果把一些鸟类的飞羽做成具有东方风格的屏风，把绒羽作为沙发的表面材料，或许会给使用者带来更多新奇的感受吧。

羽毛适用于室内装饰上，用于墙面的装饰，以及用羽毛做成各种不同的造型及物品。比如用羽毛做成雪片般形态装饰划分空间，更显空间的生动活泼（图6-43）。

● 图6-44 集合的虫材质

将一些昆虫进行处理后，得到像琥珀或者化石一般的复合装饰材料，方法是可将虫子随机排列放入一些未凝固的含胶的树脂材料中，树脂冷却成形后便可以使用。这类材料的使用将会给使用者带来原始的、蛮荒的体验。也可以将虫子风干后放入真空玻璃或玻璃砖中，以制造一些奇特的空间效果。

10. 皮革

皮革分为天然皮革和人造皮革。天然皮革是由动物的毛皮经鞣制脱脂去毛处理后，具有一定柔韧性及透气性且不易腐烂的皮。天然皮革其手感温和柔软，有一定强度，且具有透气、吸湿性良好、染色坚牢、富有光泽等特点。它以庄重典雅、华贵耐用的特点深受人们喜爱。天然皮革滑爽的触感总让人不由自主地想亲近它、触摸它。它们质量高，外观豪华，但价格昂贵。皮革制品温暖，造型灵活，韧性好，吸声。其外观具有与木材相似的美感。人造皮革由于有着近似天然皮革的外表，价格低廉，表面装饰多样，与天然皮革相比，具有质轻、柔软、强度与弹性好、耐污、耐洗、耐磨的特点，色泽均匀，缺点是透气、吸湿性差。

● 图6-43 羽毛用于隔断装饰（云上茶堂）

9. 虫子

大多数昆虫、某些甲壳类节肢动物例如蝎子、以及一些软体动物可以被称为虫子，包括成虫及其幼虫。它们形态、颜色各异，给人的心灵体验也不尽相同。有的活泼可爱，有的面目可憎。作为装饰材料，它们具有几乎可以无限再生，取材方便。在室内应用中可根据不同空间的要求来选用（图6-44）。

作为室内的装饰材料，可创造出风格迥异的空间感受。不同的原料皮经过不同的加工方法能获得不同的外观风格。在设计中，它们可用来装饰墙面，形成多变的视觉效果，色彩庄重、表面光滑的皮革在带给室内空间典雅的同时，又是一种高级与华丽的象征；赋予灯光的效果，它们表面闪亮的光泽更能使空间的质感发挥到极至，营造出一种洗练、明快、前卫风格的室内空间效果。同时还常用于物件的软包上。如带有皮革板的墙面叠加装饰，用螺母、螺钉、针脚将其固定，使墙面更有层次，更富于变化，更有质感。运用皮革应注意以下问题：首先要保证室内的通风，过于干燥或潮湿都会加速皮革的老化；其次，不宜用在阳光直射处，也不要用在空调直吹处，以免皮质变硬和褪色(图6-45)。

● 图6-45　皮毛用于凳面装饰(青年餐厅)

6.2.3　非常规材料中的非自然材料

非自然材料是建立在自然材料的基础上的，它是通过对自然材料进行加工而成，所获得的材料往往是人们在生活中所不能直接看到的效果。非自然材料运用到空间作品中能使观者充分发挥自己的想像力，超脱了现实去感受作品。非自然材料相对自然材料的使用稍显麻烦些，它是经过加工后使之变形、变质、变量，再经过其他工艺手段加以处理，使之再生、复合、组成材料新的视觉效果。

一些音乐作品把非乐器的声音元素加入其中，丰富了整个乐章，并获得了独特音效，带来不一样的听觉体验。材料创作也是一样，任何有形的物体都可以作为材料来使用，只是不作为主材，它可以作为辅助性的材料点缀其中，烘托空间气氛，带来一种全新的视觉感受。

1. 刨花

刨花是用刨刀刨削木材后形成的卷曲状的木材薄片。由于刨刀用力的不同，刨花的厚薄、大小均不相同。由于木材纹络、色泽的不同，刨花的质地、颜色也不尽相同(图6-46、图6-47)。

2. 瓦

瓦是由黏土、水泥、砂与其他材料按照一定比例混合，并经高压成型后窑烧而成的一种建筑装饰材料。凭借质朴的外形产生古朴厚重的历史感。中国瓦的生产比砖要早，西周时期就形成了独立的制陶业，西汉时期工艺上又取得明显的进步，瓦的质量也有较大提高，因此称为"秦砖汉瓦"。传统意义上的瓦是人们将特定的土坯烧制而成的材料，用于建筑屋顶，有防雨、遮阳、防风的功能。

瓦种类较多，根据形状的不同分为平瓦和波形

● 图 6-46　刨花肌理

● 图 6-47　刨花用作吊顶材料（东方广场）

● 图 6-48　瓦材质墙（金源时代购物中心）

瓦，根据成分的不同分为黏土瓦、水泥瓦、石棉水泥瓦、钢丝网水泥瓦等。黏土瓦以黏土为主要原料，加水搅拌后模压成型，再经干燥后焙烧而成，具有青、红两色；水泥瓦以水泥和石棉为原料，加水搅拌后压滤成型并经养护而成；琉璃瓦以难溶黏土制坯，经干燥并上釉后焙烧而成，色彩绚丽，造型古朴，色彩及品种繁多。瓦的质地坚硬，保温性、隔热性强，防火、防水，但是较脆，易碎裂。

瓦用于现代室内装饰，可以营造古朴的气氛，强调环境的年代性和东方性。层次感强，透出文脉的气息。装饰方式也多种多样，既可用作饰面，也可用于室内半通透的隔墙，让空间变得有虚有实、富有层次。也可以用其截面成序列叠加排放，用作室内较大面积处的装饰墙面或地面材料（图6-48）。

3. 陶瓷制品

陶瓷一般是指以黏土及其天然矿物为原料，经过粉碎混炼、成型、焙烧等工艺过程而制成的各种制品。陶瓷有施釉与不施釉之分。施釉陶瓷手感润滑，表面有较强的反光。使用一些浅色的施釉陶瓷作为墙面等处的装饰，可以带来高贵而素雅的效果。施釉陶瓷表面的釉是性质极像玻璃的物质，它不仅起着装饰作用，而且可以提高陶瓷的机械强度、表面硬度和抗化学侵蚀等性能，同时由于釉是光滑的玻璃物质，气孔极少，便于清洗污垢，给使用带来方便。不施釉陶瓷表面气孔较多，质地较为粗糙，手感生涩。使用其作为室内的装饰材料则会给人带来粗犷、原始的感受。

4. 齿轮

齿轮是能互相啮合的有齿的机械零件。齿轮表面有突起的轮齿和齿槽，齿顶、齿根形成两个同心圆，大多为钢制。齿轮带给人工业技术的联想，由于技术改进，大批机械遭到淘汰，可以选用一些作为主题酒吧的装饰构件，显得空间刚劲有力。用废旧的齿轮互相啮合做成的墙面，或者半通透的隔断等则会带给人对逝去岁月的回想，粗犷中又透出淡淡的悲凉（图6-49、图6-50）。

陶瓷是一种历史悠久的材料，既具有造型的灵活性又具有耐久性。陶瓷制品性能优良，坚固耐用，防水防腐，颜色多样，质感丰富。根据原料、烧制温度、结构密度的不同，陶瓷制品分为陶质、瓷质。其中陶质制品由陶土烧制而成，烧结程度较低，断

● 图 6-49　旧管道和齿轮装饰的摩托酒吧

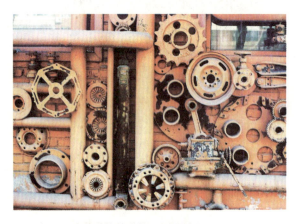

● 图 6-50　齿轮装饰的建筑立面(局部)

● 图 6-51　用瓷盘装饰屋面的酒吧

面粗糙，多孔，硬度和强度相对较低，可以用作墙面基本装饰材料。陶瓷质地坚硬耐磨，结构致密，多制成花瓶碗碟等形状。陶瓷用于空间布置，既有精致之意，又显古朴之风。在室内装饰中，陶瓷的应用方式很多，包括用陶瓷碎片进行拼贴来做饰面，用陶烧制出多种造型进行空间分割，或者直接利用陶瓷制品重复使用以装饰室内界面，例如陶瓷盘。也可以把陶瓷材料做成某些较小的单元形，彼此可以契合。这样，在大面积装饰时，比如墙面、地面的时候便可以得到如拼图一般的效果(图 6-51)。

6.2.4　非常规材料中的生活用品材料

1. 黑板、白板

用黑板、白板作墙面装饰，能同时具有两种功效：一方面具有实用功能，可以在它上面书写留言和提醒语，或供孩子们涂鸦等；另外，白色粉笔的图形文字同时还具有装饰作用，在环境中放置部分黑板墙面能给公共空间提供一个富于创造性的背景(图 6-52)。

● 图 6-52　白板墙面

2. 纸（报纸）

纸的种类很多，厚度、色泽、纹理、质地也各不相同。宣纸、皱纹纸等透明度高，质地柔软；挂历纸质地较厚重，可塑性强。不同种类的纸材料质地大为不同，有的表面光滑平整，有的粗糙富于肌理，有的洁白无暇，有的色彩鲜艳。它们大都造价低廉，卫生环保。

纸在装饰空间中的应用具有悠久的历史。唐、宋宫廷建筑中用纸裱贴墙面，民间则常采用手工印花墙纸。纸具有较强的可塑性，而且根据纸的不同种类可以达到不同的效果，比如将报纸印上的铅字按照版面分布进行裱糊，可以达到营造特殊气氛的效果。

不同种类的纸材料，它们质地、颜色也大为不同。它们有的表面光滑平整、富有光泽；有的粗糙富于肌理、触感较为生涩；有的洁白无暇；有的色彩鲜艳。千差万别的特点使它们能营造出风格迥异的空间意境。而且，它们大都造价低廉、卫生环保；容易切割、裁剪、弯曲。

在设计中，它们可用来装饰墙面，形成多变的视觉效果，色彩素雅、表面光滑的纸张在带给室内空间温馨的同时，又能为空间环境带来田园般的气息；灯光处做些随意的灯罩效果的遮挡，能软化室内生硬的气氛，营造出一种浪漫迷离风格的室内空间效果。

有些室内将纸板折叠，营造素雅的室内效果（图6-53、图6-54）；也有的与墨、笔、砚结合：在纸张表面写字画画用于室内装饰，带来了触手可及的东方风情（图6-55）。

● 图 6-53　用纸板材料装饰的专卖店

拟的。

有些方案中将绳子有序地拉紧排列，作为空间的分割元素。在某些空间中，有把绳子缠绕在框架上作为装饰的手法；也有把绳子扎成捆，找几点固定悬挂起来，让其自身的重力做出自然下垂的效果，可以作为墙面的修饰。另外，还有将绳子做成特定造型后粘贴到墙面等处的做法。

绳子的施工不需要复杂的工艺，方法也有更多选择，将来一定还会有更多有趣的装饰手法产生。可作为墙面装饰、顶棚装饰、缠绕物体表面装饰、隔断空间装饰等（图6-56）。

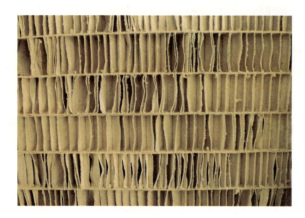

● 图6-54　纸板材料（局部）

● 图6-55　用宣纸材料装饰的餐馆

● 图6-56　用绳子捆扎的栏杆（东北虎餐馆）

利用尼龙绳做成的遮阳伞，给予酒吧门前几个围站在一起的饮酒人一个很好的限定空间，当晚风吹过时，绳伞更加引人入胜（图6-57）。

4. 玻璃杯

日常使用的玻璃杯是一种盛放液体的透明器皿。玻璃杯形状多样，质地透明，可重复摆放或悬挂使用，形成一种特殊的序列，作为空间的隔断或作装饰等。

玻璃杯本身材料多为无色透明的玻璃，也有加入其他成分形成的彩色半透明玻璃杯。它的品种丰富，造型多样化，以成组的方式码放组合起来，可将其成序列悬挂，作为顶棚处的灯具造型，也可以作为空间的通透隔断。某些钢化玻璃制成的玻璃杯，应该还可以作为室内的地面材料。配合适当的照明，这些玻璃杯营造出既明亮通透又稍显迷幻的室内效

3. 绳子

根据材料的不同，绳子可以分为棉绳、麻绳、塑料绳、纸绳、金属丝绳等。不同材料的绳子特性也不相同。有的富有弹性，有的坚固结实，有的柔软，有的生硬。绳子的不同状态会给人带来完全不同的感受：拉紧的绳子能表现空间的张力，松弛的、下垂的绳子则体现了温柔、平和的空间语意。绳子的可塑性比较强，可以弯曲、系结、粘连，甚至可以编织。绳子作为装饰材料的使用所达到的线的效果，区别于点和面的效果，是其他材料不可比

果。特别适合于酒吧、餐厅等娱乐场所的室内装饰。常常使室内在得到分割空间的同时，也获得了晶莹剔透的艺术效果。于是，玻璃杯也变为了一种室内装饰材料(图6-58)。

玻璃杯的缺点是遇碰撞易碎裂，在大面积使用时，玻璃杯间的节点处理也不甚便利。

菲利浦·斯塔克(Philippe Starck)设计的俏江南·兰会所最耐人寻味的是顶棚镶满了大小各异的油画，好像把卢浮宫给搬来了(图6-59)。还有各种塑料日用品组成绚丽的灯罩，极具特色(图6-60)。

酒瓶粉碎后，用来作为装饰材料，已不少见，其形式的质感既平常又新奇(图6-61)。

用大小不一的铜锅做吊顶，也算材料新用的一个例子，目的也许是用其招揽生意(图6-62)。

人像照片也可以算是一种材料，用它装饰墙，给予人强烈的视觉刺激(图6-63)。

网球外部由纺织材料统一包裹，颜色为白色或黄色，在某运动鞋专卖店中，利用网球做装饰吊顶，配以灯光(图6-64)，以及以运动衣、裤、袜填充的休息凳软垫(图6-65)，给人不一样的视觉享受。

● 图6-57　尼龙绳制成的遮阳伞(德国科隆)

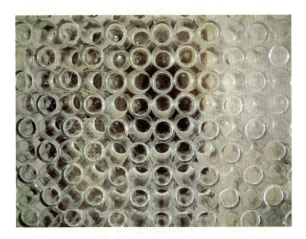

● 图6-58　玻璃杯隔墙

● 图6-59　油画框顶(兰会所)

● 图6-60　塑料日用品灯罩(兰会所)

● 图6-61　酒瓶粉碎当作装饰材料

● 图6-62　铜锅顶(巴黎香谢利舍大街)

● 图6-63　用人像照片装饰墙面

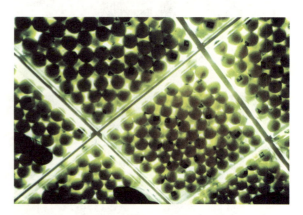

● 图6-64　网球顶(巴黎某体育用品店)

● 图6-65　衣服内芯座垫(巴黎某体育用品店)

6.2.5 可凝结进行再塑造的材料

1. 冰

自然界中的水,具有气态、固态和液态三种状态。液态的水我们称之为水,气态的水叫水气,固态的水称为冰。用冰作为材料已不是天方夜谭,不少的实例都可证明其塑造能力非常强,从建筑物到杯盘均可呈现。

在伦敦的一家名为"西伦敦星期六"的冰吧中,从墙到杯子,每一处都是用冰打造的。这间冰吧温度全年保持在零下30℃左右,约付22美元的费用后就可以进入密封的房间,客人将得到一件保暖的披肩、一双厚厚的手套和一只冰做的杯子。冰吧内的服务生实行短期轮换制,不能在冰吧内停留过长的时间。顾客更是只可在冰吧"小坐",最长不能超过30分钟。冰吧内的饮料没有什么选择余地,只有伏特加。

冰吧用的冰都是从瑞典北部的托恩河运来的,一尘不染的水结成的冰让这家冰吧"完全透明"。冰吧每半年重新建造一次,修补因日常使用、顾客身体散热造成的墙体融化(图6-66)。

2. 积雪

积雪是良好的防寒和防风物质,在林海雪原上周旋的猎人们都知道。夜晚他们在雪地露宿时,总是在雪地上挖个雪坑,把挖出的雪堆积在雪坑的周围。他们就在这样的雪窝子里过夜,既保暖,又防风。长篇小说《林海雪原》里描写杨子荣打虎上山之前,就是在这种简单的雪窝子里过夜的。

在我们地球的南北两极,一些终年结冰的地方,由于交通运输十分不便,积雪是唯一最方便的建筑材料。世界最大的岛屿格陵兰岛,位于北极圈内。生活在这个岛屿北部的爱斯基摩人过着随时迁移的渔猎生活。为了适应这种生活习惯,真是靠山吃山,靠水吃水,他们就地取材,随心所欲地利用积雪作为建筑材料,建造起一座又一座令人赞叹的"爱斯基摩人小雪屋"。雪屋刚开始点篝火的时候,屋里的墙壁和顶棚会融化一些,但融化的只是一小薄层而

● 图6-66 用"冰"材料制成的冰吧

已。当墙壁和顶棚上触化的薄层慢慢冻结成一层冰壳以后。篝火再也不能融化冰壳和冰壳外面的雪屋了。根据不少北极探险家的报道,即使屋外气温达到零下50℃,雪屋里的人却可以不穿毛衣。

3. 泥

泥按颜色分可分为红泥、黑泥、黄泥、白泥。泥的造型能力很强,根据水分的饱和程度,泥可以具有不同的可塑性;泥的表面可以制成不同的肌理,配合灯光的使用可以营造不同的效果。泥也可以单独塑形,比如直接作为房间的分隔体,不失为最好用的原生态装饰材料(图6-67、图6-68)。

4. 琉璃

作为新的装饰材料,可做成隔断、屏风、墙体、门把手等。它的主要特点是流动的、多彩的美,和灯光配合使用效果更好。其风格古朴华贵。

上海新天地的"透明思考"餐厅,其间的装饰就是以现代琉璃为主要材料,近千块色彩斑斓的方形琉璃砖拼砌出盛唐的辉煌气韵。目光所及、手足所触,琉璃无所不在。"透明思考"餐厅中的一切都与琉璃有关,大门、吧台、墙面、穹顶、地板、窗台、桌椅、灯具、餐具,甚至是卫生洁具无处不见

图6-67 泥墙拉毛肌理

图6-68 泥墙肌理

琉璃的身影,极尽流光溢彩、奢华迷离之能事,置身于其中的人们仿佛是进入到了一个梦幻国度中的水晶宫。千百块筑刻成铜钱模样的琉璃将整个吧台包装得奇异生辉。女厕水池是朵盛放的荷花,红色的琉璃花瓣在幽暗的灯光下栩栩如生;红花还需绿叶衬,男厕里的水池便是荷叶,墨绿的叶上是低垂的莲蓬,水便从那莲蓬中涓涓而下。琉璃本来就是中国的传统手工工艺,"透明思考"餐厅的设计更是将琉璃与中国的传统特色完美结合。

5. 人造石

是由天然碎石粉末、高级水溶性树脂、碎石胶粘剂而合成,可以加热处理做成弯曲状,可以设计和拼接出不同的花色,可以很容易地修边、保养和翻新。人造合成石材样式较多,外观漂亮,但硬度差,易有划痕,而且化学材料成分居多,不环保,价格较贵。

其加工工艺简单,可以裁直线和曲线,粘贴面用340♯砂纸磨平,用酒精清洁后用相应胶水粘贴夹固。

6. 水泥

水泥这种价廉、方便、坚固的人工合成材料已经开始在现代建筑中建立了自己一统天下的地位了。而又是因为水泥这种建材的"价廉"的特性,所以往往人们不把它作为装饰材料来应用。其实水泥也可以在特定的场合中展露自己特有的装饰效果。

7. 蜡

蜡加工简单,抗腐蚀,能很好地平衡冲力、拉力与硬度。由于不易脆裂,因此常用于纹样的精雕细刻。它们触感细腻柔软。作为装饰材料,它们不仅形状各异、色彩艳丽,而且能使人们感觉浪漫温馨的气氛。在室内设计工作中可以用作墙面、顶棚等的装饰,或是在表面作些肌理效果的表达。同时配合着灯光投射的效果,能营造出一种柔软、舒适的意境。

蜡在装饰领域的应用有以下几种:一是运用其可溶性、可塑性,把不同颜色的蜡重新溶解混合,形成多彩的效果并塑造成不同形状;二是经过雕琢,制造出多样性的表面纹样;三是在溶解和冷凝过程中加入其他材料,配合灯光的使用,产生"玉与瑕"的效果,在灯光的照射下,蜡还有几分通透感。蜡的种类较多,主要包括石蜡、微晶体蜡、褐煤蜡、蜜蜂蜡、聚酯蜡等。

(1)石蜡(矿物蜡,Parffin Wax):是一种石油馏分物,呈固状,为白色晶体。石蜡呈油脂状,其油脂的特性有助于打蜡时的均匀分布,同时也容易控制蜡中溶剂(清洁媒体)的挥发。在没有催化的作用下,可直接与油性物质和其他种蜡及树脂结合。石蜡是我们常说的第一代蜡。

(2)微晶体蜡(矿物质蜡,Micro-crystalline Wax):又被称为合成蜡,溶解点和分子量都远远高于石蜡,在光滑度和溶解点上较石蜡有很大改进。把石蜡与微晶体蜡混合在一起时,蜡的熔点可以从104℃提高到160℃左右,结晶现象可以得到很好地控制,而且混合后的蜡比石蜡要细腻得多。微晶体蜡属第二代蜡。

(3)褐煤蜡(矿物质蜡,Montan Wax):褐煤蜡是从特种煤(德国开采的一种煤)中提炼和加工的蜡。

褐煤蜡原料与多种溶剂混合后经过氧化过程形成以褐煤酸为主体的有机化合物，半皂化后形成含有多种特性的褐煤酯蜡。

（4）蜜蜂蜡（动物质蜡，Bees Wax）：蜜蜂蜡是唯一用于各种抛光剂的动物质蜡，一般用在家具（木制品）等多孔物体上。蜜蜂蜡的许多特性并不适于作为车蜡。蜜蜂蜡保持的时间也较短。

（5）聚酯蜡（合成物，Synthetic Wax）：由单种或多种聚合物（由单体合成分子量较高的化合物）反应后制成，大多以硅氧树脂（Silicone）为原材料。

6.3　材料创作手法

随着现代工业的不断发展，在自然材料和工业材料、传统材料与新型材料之间有着一些变化与不同，包括不同材料的材质、肌理、颜色特性等。在建筑与室内设计创作过程中，通过对材料的摸索、挖掘和重组，不仅可以体现出设计作品更深层次的意义，同时这些千奇百怪的材料特性也将能成为空间创作灵感的源泉。材料设计通常理解为是用现成的设计创作，它主要是靠现成的物质材料解释设计主题。

建筑与室内创作观念体现着不同创作者的心理感受和内心体验。设计师要选择何种途径、何种方式来表达自己的创作思想和意图？例如：德国工业设计师康斯坦丁·格里克说过"我喜欢选用一种材料或一种技术，我不喜欢混杂的材料。材料必须要诚实，高品质的塑料胜于假金属。如果要使用金属，我们必须使用真正的金属。"[1]这说明每个设计师都有自己运用材料的理念与习惯。

另外，每一种材料都会有给我们想像的空间。设计师在创作过程中对其材料的变化把握、形式调整，宗旨是为了寻找材料在各种心理状态反映中的关联与互动。虽然材料设计的表现方法是丰富多彩的，但是它有一定的法则，更注重随机性。在取材方面，设计师要根据设计需要去选择材料，被选出的各种材料之间应有相互联系，应用它们应能准确表达设计者的意图。

6.3.1　材料的组配

材料的不同组配能加强环境的性格特征，一个环境一般是由多种材料所组成，不同材料之间的组合可以使空间元素更加丰富，且具有不同的表情，组配得好能够提升环境气氛，反之会给人不协调的感觉，所以材料之间的组配是很重要的。材料是媒介，它有专属的表情，它们共同的组合塑造了空间的气质。在材料的选择上价格不一定要贵，但一定要从整体上去考虑，无论木材、石材、金属材质都要搭配得当、恰到好处。材料的不同组配能加强环境的性格特征，也能消减环境的性格特征。例如采用特殊的皮制材料进行装饰，配合木质、钢铁以及棉麻等原始感觉的材料，使得整个环境有着豪放的西部感觉，充满了冷静自我的个人意识色彩，与众不同。

1. 复合的材质语言

要营造具有特色的、艺术性强、个性化的空间环境，往往需要若干种不同材料组合起来进行装饰。各界面装饰在选材时，既要组合好各种材料的肌理质地，又要协调好各种材料质感的对比关系。在许多情况下，材料语言是复合性的。所谓复合，大多是指两种或三种材料紧密结合产生的材料语言。这种材料语言虽非单一材料，但常常被视为一体，仍有明显的单纯性，复合材料语言也产生于相同材料的相互连接中。

设计材料的美感体现通常是靠对比手法来实现的。多种材料运用平面与立体、大与小、简与繁、粗与细等对比手法产生相互烘托、互补的作用。不同的材质带给人不同的视觉、触觉、心理的感受。在设计过程中，要精于在体察材料内在构造和美的基础上选材，贵在材料的合理配置和质感的和谐运用。

关键是把材料本身具有的肌理美感，色彩美感，材质美感用巧、用好。根据功能的、经济的、实用

---

[1] 康斯坦丁·格里克. 名家观点. 时尚家居 [J]，2007，6：56.

的、艺术的、合理的"异质同构",层次分明,相得益彰,起到点石成金,化腐朽为神奇的作用。

2. 多种材料的质感的两种组合方式

材质的对比既有相似材质的对比,又有多种材质的对比。材料质感的具体呈现是在室内环境中各界面上相同或不同材料的相互组合。

(1) 相似材料的组合

相似材质配置,是对两种或两种以上相仿质地材料的组合与配置。同样是铜的材质,紫铜、黄铜、青铜因合金成分的不同,呈现出有细微差别的色彩和质感,运用相似材质对比易于体现出材料的含蓄感和精细感,达到微差上的美感。又如同属木质质感的桃木、梨木、柏木,因生长的地域、年轮周期的不同,而形成纹理的差异。这些相似肌理的材料组合,在环境效果上起到中介和过渡作用。或采用同一木材饰面板装饰墙面或家具,可以采用对缝、拼角、压线手法,通过肌理的横直纹理设置、纹理的走向、肌理的微差、凹凸变化来实现组合构成关系(图6-69~图6-76)。

● 图6-70 红砖和泥的组配

● 图6-71 麦杆和竹的组配(法国巴黎)

● 图6-72 原木与鹅卵石的组配(北京植物园)

● 图6-69 不同木材之间的组配(凤凰城)

(2) 多种材质的组合

多种材质的配置,是数种截然不同的材质搭配使用。如亚光材质与亮光材质,坚硬的材质与柔软的材质,粗犷的材质与细腻的材质等的配置对比,相互显示其材质的表现力和张力,展示其美的属性。

● 图 6-73 灰砖和灰色砂岩的组配（唐山明星酒店）

● 图 6-76 色彩微差的石材组配

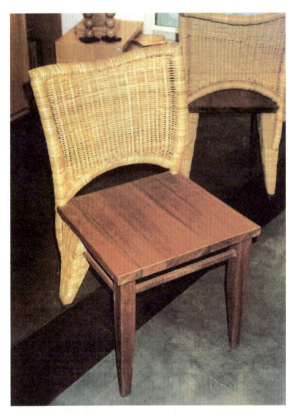

● 图 6-74 藤材和木材的组配座椅

● 图 6-75 条石和块石的组配

设计材料的美感体现通常是靠对比手法来实现的。多种材料运用平面与立体、大与小、简与繁、粗与细等对比手法产生相互烘托、互补的作用。多样的材质带给人不同的视觉、触觉、心理的感受。所以，在室内环境设计中，各界面装饰在选材时，既要组合好各种材料的肌理质地，又要协调好各种材料质感的对比关系。所以，要营造具有特色的、艺术性强、个性化的空间环境，往往需要将若干种不同材料组合起来进行装饰，把材料本身具有的质地美和肌理美充分地展现出来（图 6-77、图 6-78）。

6.3.2 材料分格与转角处理

材料的分割、分块是材料加工工艺的必然工序，也为运输搬运提供方便。材料与材料之间的分格缝是能减少因温度变化或材料收缩产生的不规则裂缝而设置的缝，或是由于材料本身的尺寸不够铺装时所必须采取多块和多组材料组合才能达到所要的效果，材料之间的分缝处理是设计中不应忽视的问题（图 6-79 至图 6-85）。

分格缝中的凹凸线条也是构成立面装饰效果的因素。抹灰、水刷石、天然石材、混凝土条板等设置分块、分格，除了为防止开裂以及满足施工接茬的需要外，也是装饰面在比例、尺度感上的需要。

例如，目前多见的本色水泥砂浆抹面的建筑物，一般均采取划横向凹缝或用其他质地和颜色的材料嵌缝，这种做法不仅克服了光面抹面质感平乏的缺陷，同时还可使大面积抹面颜色欠均匀的感觉减轻。

图 6-77 多种材料组合于同一空间（巴黎某服饰店）

图 6-78 舒林珠宝店使用显示高档光洁的材料（维也纳）

图 6-79 不同形状石块组成的石桥

● 图6-80 建筑石材分格(新保利剧院)

● 图6-81 墙面分格(中国大剧院)

● 图6-82 石材分格处理(中央美术学院美术馆)

● 图6-83 石材节点处理(中央美术学院美术馆)

● 图6-84 石材分格(巴黎拉丁芳斯)

● 图6-85 墙面分格处理

6.3.3 材料的光影设计

"阴影，有投射阴影，也有附着在物体旁边的阴影。附着阴影可以通过它的形状、空间定向以及它与光源的距离，直接把物体衬托出来。投射阴影就是指一个物体投射在另一个物体上面的影子，有时还包括同一物体中某个部分投射在另一个部分上的影子。"❶

在通常的室外日光作用下有逆影、投影、折光。正确、适度地运用光影和肌理的强弱、粗细，是室内设计和制作的重要技巧，也是选择室内材料的重要前提，处理光影和肌理的虚实变化则是设计者艺术素质的反映。

除材料的本色之外，光影和肌理是塑造形态的重要条件。同样的材料，由于光影和肌理的运用不同，给人的视觉感受是完全不一样的。

6.3.4 相同的材料 不同的用法

在我们周围的生活中存在着两种类型的材料：一种是常规型的材料，也就是经常要用的材料；另一种是反常型、偶然使用的材料。是否这些常规型的材料不能做出好的空间效果呢？是不是不能用了呢？其实正相反，如果能把这类材料用好就更珍贵了，很多大师级的设计师专门爱用别人常用的材料，如果用得好、用得妙，用得有新意，那将是不同一般的成功之作。当然，这就需要设计师有更高的艺术造诣了。

其实环境设计成功的关键，是追求个性化和多样化的结果，而相同的材料、不同的用法，就成了区别于一般化的极好办法，首先我们应跳出传统的取材限制，用艺术家的眼光来看待材料，运用材料。

设计师的敏感性突出表现在对客观事物的洞察能力上，意大利美学家克罗齐（Benedetto Croce）说："画家之所以为画家，是由于他见到旁人只能隐约感觉或依稀瞥望而不能见到的东西。"

当发现新型材料的特性或取材的范围又可来自于生活中的每个角落时，创作者就应尝试各种途径去发挥材料的最大极限，或软、或硬、或轻、或重，不管使用常规的或非常规的手段和技术，甚至使用破坏性的手段，如烧、溶、腐、碎等（图6-86），其最终目的就是追求发挥其材料的特殊属性并为我所用。这种方式与其说是创作者给材料赋予了新的生命，倒不如讲是材料给了设计师创作的灵感。

● 图 6-86 枪击的碎镜效果

1. 瓷砖的另类贴法

同样是瓷砖，不同肌理、图案、色彩，带给人的感受是完全不同的。可采用不规则的形状或斜向的排列，构成一幅独具风味的艺术拼贴画。由于这种装饰方法对贴面砖的要求较低，所以造价不高。打破固有的规则，于松散的状态下，于无定势中彰显个性是瓷砖铺装方面的突破（图6-87～图6-90）。

---

❶ （美）鲁道夫·阿恩海姆著. 艺术与视知觉. 滕守尧，朱疆源 译. 北京：中国社会科学出版社，1984：430.

● 图 6-87 瓷砖的艺术拼贴(维也纳)

● 图 6-88 艺术化的墙面处理(维也纳)

● 图 6-89 形态各异的艺术装饰柱(维也纳)

● 图 6-90 瓷压大杂烩

● 图 6-91 瓷砖拼贴(米拉公寓)

说到以瓷砖为建筑材料，不得不提一位大师，那就是身为西班牙建筑师安东尼奥·高迪（Antonio Gaudi）。他对于瓷砖的把握可以说已经到达了炉火纯青的境界。这位伟大建筑师具有西班牙式的烂漫思想以及对于色彩和图案与生俱来的敏感（图6-91、图6-92）。

2. 旧脚手架做家具

意大利服装设计师爱尔娜·纳巴为伯尔果·阿尔尼那村庄的修复只身来到那并在那定居，她选择了带着历史烙印的古典装饰品，比如修鞋匠曾使用的工具，铁匠工具，还有由一位泥水匠的木质脚手架做成的家具。爱尔娜·纳巴说："我要不惜一切代价，买下这个脚手架，我将把它做成一个全新的东西。"就这样，这些千疮百孔的木片被用来做了几件摆设家具和两张餐桌。这些"旧"家具提升了空间的艺术氛围和历史感。

● 图6-93　壁画装饰墙面

● 图6-92　瓷砖拼贴（高迪公园）

3. 壁画修复术的当代应用

湿壁画是一种十分耐久的壁饰绘画，将永久性抗碱色料溶解于水中，趁颜料新鲜时涂于灰泥壁上，有适当基底的室内湿壁画为最具有永久性的绘画技法之一。它有完美的亚光表层；色彩效果十分鲜明；随着时光的流失，老化后更显高贵气质（图6-93）。

如今国外有一些专门从事壁画修复的人员，凭借他们的经验和掌握的技法，为一些现代居室进行壁画创作，在室内装饰中达到了很好的装饰效果，是室内增加艺术氛围的一种手段。

4. 镜子顶棚

当镜子被当作装饰材料时，它在视觉上会扩大空间，给设计带来无穷的创作魅力。近几年设计师为弥补空间高度的不足，将其大量运用在顶棚上。顶棚镜的应用完全是对镜面传统功能性的推翻，它有效地增加了空间的透视感，使人有种在现实与幻觉中穿行的感觉（图6-94）。

5. 建筑结构材料的应用

建筑结构上常用的材料也可以作为室内装饰材料予以应用。经过对材料市场的调研，不难看出市场中的大部分的材料价格比较昂贵，低廉材料的种类是很少的，在这少数种类中多是建筑结构方面的材料，那些较高价位的材料也并不完全可以用到任何环境中作为装饰。现在市场上有许多装饰材料的花样、规格、色彩等很俗套，较有档次的材料又都依赖进口，因此价格很贵，一般的工程项目承受不起。所以设计师可以从一些廉价的材料入手，在廉价材料上做文章，在设计中加进自己巧妙的想法，将材料和空间一同设计，进一步取得好的视觉效果。例如：砖头、普通木材、玻璃、铁丝网、槽钢、加气混凝土等。利用廉价材料

● 图 6-94 镜面顶棚(乐亨赛富食品公司前厅)

● 图 6-95 密度板作为吊顶材料

● 图 6-96 空心砖穿成的隔断

和一些废旧材料(有些材料根本都不用花钱)进行组织,从而做出有趣的材料组合体(图 6-95、图 6-96)。

6.3.5 超级平面美术的技法

超级平面美术(Super Graphics Design)在室内设计中通过其色彩与图像打破视觉局限构成,使室内空间达到快速传递信息的效果。超级平面美术可以形成立体的空间而又与三维效果存在本质的区别,可以打破单调的六面体空间。它能够不受顶棚、墙面、地面的界面区分和限定,自由地、任意地突出其抽象的图形,模糊或破坏室内空间中原有的形式,更重要的是在不耗费建材的情况下,带给我们视觉和实效的惊喜,快速简便,投资少。它可以因材施工,创造不同效果的室内气氛,具有相当大的发展空间,这些技巧即使在未来也会魅力不减(图 6-97~图 6-99)。

图 6-97　金属穿孔板吊顶（清华大学美术学院）

图 6-98　通过平面绘画描绘出多变的空间效果

图 6-99　平面绘画形成特殊的空间体验

第7章 材料实验

　　这一章主要通过对综合材料艺术的学习以及对材料艺术创作规律的了解，达到在空间设计中艺术化使用材料的目的。由于建筑与室内空间创作都属于艺术的创作范畴，所以一些好的艺术创作手法都可以被借鉴。我们深信很多装饰艺术手段可以在建筑与室内设计的方案中得以实施，这些手段中有部分已经被实验证明过，造就出了不少的佳作。

　　当艺术融入生活的细节，所有的一切都将发生变化。纯粹的功能主义已经消逝，美学让生活的细节变得更加富有趣味，无所不在地渗透在每一个设计细节中。艺术品也成了材料另一种展现魅力的载体，让我们以另一种视角去看待材料及其创新的无限可能性。材料的再设计是需要有一定的想像力的。"想像力是如同诗歌一样的艺术表达方式，但决不是对现实的扭曲。想像力应该能够体现出个人对于现实世界的认知、看法以及掌控的程度。想像力来源于时间与空间的组合，来源于信息的接收，来源于个人的知识与修养。"[1]

　　对于材料创造性思维的培养是本章教学的主要目的之一，在建筑与室内空间设计创作中引发与综合材料的结合，是淡化设计与艺术的区别、挖掘材料创造性潜能的有效尝试。材料在空间艺术创作中开始从幕后走到前台，它本身独特的表现力被发现并重视。

7.1 现代艺术与综合材料

　　现代艺术是西方工业文明的产物，这种文明所带来的经济上的快速发展，使得传统美术在它的社会责任职能上起了很大的变化。传统的绘画雕塑在多维度多元化的今天，已经不能集记录、情节、美化、传播和对意念表达等功能于一身，科技的发展是现代艺术发生的直接诱因，摄影、电视取代了传统美术的记录和情节功能；传统美术在抽离了对色彩、造型最真实的模仿以后，笔触、结构、各种材料的独立表现力量显现出来，潜伏的意念表达开始复苏。从此，现代艺术不再是意义的象征，而是观念的表达。

　　综合材料是适应现代艺术的发展应运而生的，它的力量在于它首先改变了我们以往传统对美术作品的审美习惯，然后才自下而上地冲击着我们习以为常的艺术观念。艺术实践通过材料的物理形态传达出一定的生命意味。许多综合材料的创造性使用拓展了作品的表现力、想像力和感染力，将各种材质的可能性被充分发掘出来。

　　艺术家不是简单地将多种材料进行堆砌，而是利用材料的某一特性，改变其外部特征并赋予其新的形式和内涵，使其产生新的视觉效果，给人以美的享受。经过艺术家的不断探索和努力，现代艺术的综合材料在种类与具体表现方式方面都日益丰富和完善起来，越来越多的新材料以新的形式和新的表现方法开始被广泛应用。

　　综合材料的运用是众多现代艺术所共有的特征。虽然其确切的起源有待进一步研究，但20世纪以来，它对推动艺术家创作观念改变起到了极其重要的作用。显而易见，材料在现代艺术作品中的主体性不断得到提高。材料可以创造崭新的艺术形式和样式。

　　因为艺术观念的不断开拓，艺术创作的材料范围也在不断扩大。一定的材料适于一定的造型，恰当的材料选择对于作品表现有着事半功倍的作用。艺术家一般是通过对材料的偏好和对其性能的熟悉

---

[1] 约瑟夫·思考利. 设计师的使命.

以及要表现的艺术形式和所要表达的艺术观念进行选材。材料也由传统的布、纸、木、石、陶、漆、木板、纤维等拓展到金属、蜡、火药、化学物品、电脑影像,以及任意的现成品等。艺术形式的明显界线也因此变得模糊了(图7-1、图7-2)。

● 图7-1 装置艺术中好看的石料集合

● 图7-2 装置艺术中多种材料的组合

7.1.1 现成品材料

毕加索帮助西方艺术跨过了模仿现实的门槛,给艺术提供了新语言,把艺术领进了一个自由创作的天地。抽象艺术、诸多流派风格都在毕加索拓展的视觉形式美的沃土上进行着轰轰烈烈地演变。杜尚则对传统艺术观念进行了改变,同时也改变了西方艺术的历程,他把现成品送入展厅,开创了让艺术服务于思想的新主张。对于艺术本身的文化内涵和观念作出了颠覆性的革命。生活中的现成品和对各种材质的试验,都可成为他信手拈来的作品,作品的存在方式也打破了传统意义上的绘画雕塑的界

限。约瑟夫·波依斯(Joseph Beuys,1921—1986)是20世纪行为艺术、偶发艺术、装置艺术和观念艺术重要的代表者之一。他彻底打破了艺术与日常生活的藩篱,认为一切生活世界中的素材都可以作为艺术媒介和观念对象来表达特定的理念。波依斯以动物(兔子、鹿、蜜蜂等)、油脂和毛毡(代表热能)为创作材料,其前后对同一类型素材的偏好和表达某种艺术观念之延伸与扩展的逻辑性,始终保持着某种持续的连贯性。取材于日常、形下之物,通过艺术的装置和塑造,对之进行精神的凝视、提炼、象征化与意义化,经由一种"精神物理学"的艺术转化,指向一种超越性、乌托邦式的形上理念,并最终指向对人的生存"和平至上"状态的不懈追求,正是波依斯创作理念的核心所在❶(图7-3~图7-5)。

● 图7-3 装置艺术使用现成品材料(壶)

---

❶ 宋国诚.《阅读后现代》艺术史上的萨满师——约瑟夫·波依斯的"人智学艺术"(中).

第 7 章 材料实验

● 图 7-4 装置艺术使用现成品材料（勺）

现成品，即现实生活中现成的人工制品，它们和任何艺术品的性质都不沾边，是没有任何美学意图的实用之物。马塞尔·杜尚（Marcel Duchamp，1887—1968）首次将成品的材料引进艺术的领地。在杜尚看来，艺术可以有任何形式，艺术品可以由任何东西制成。他的艺术主张就是将日常生活物品信手拿来稍作或者不作修改就变成艺术作品。1917年，在美国独立艺术家协会举办的展览上，交了6美元进场费的杜尚拿出了他的新作品——男士小便池，这个小便池是他在商店买的，他只是在上面签了一个名字。关于《泉》的意义，杜尚自己在一篇文章中解释道："这件东西是谁动手做的并不重要，关键在于选择了这个生活中普通的东西，放在一个新地方，给了它一个新的名字和新的观看角度，它原来的作用消失了。"由此看来我们也完全有理由把现成品材料引入材料艺术化设计的领地（图 7-6）。

另一位现成品创作的艺术家是阿尔曼·费尔南德斯（Arman Fernandez，1928—2005），他的作品将

● 图 7-5 装置艺术使用现成品材料（电话和电话线）

日常物品集合在一起成为"堆积物",他最早的这类作品是1959年的《垃圾箱》——在一个玻璃箱子里放着的偶然收集的破碎片。他也将人们熟悉的东西锯成长条——1962年的《升入天堂》就是一把低音提琴的碎片,有些碎片被铸成青铜。有些物品的集合采用了纪念碑的规模——例如1982年的《长期停放》,将众多的旧汽车嵌在一整块水泥上,用来装饰位于巴黎郊外的卡蒂埃基金会的总部(图7-7)。

● 图7-9 陈明强的《今日汉代》利用的是日常的生活用品

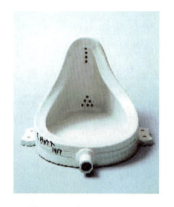 

● 图7-6 《泉》　　● 图7-7 《长期停放》

对现成品稍加施力后可形成新的材料视觉体验。这种方式可以把任意的成品材料挤压后,形成动人的肌理效果,它们能形成艺术作品,也能成为装饰性的材料,当然它们的个性化成分越少,作为普通材料的成分将越大(图7-8、图7-9)。

对现成品进行加工的另一实例是韩国艺术家李在孝。他的作品采用树枝、钉子等现成品通过用火烤或不断地研磨,以完美的劳动对美丽重新进行创作。李在孝对成品钉子的再加工形成独特的材料效果。他说:"我总觉得那些每天都在忙碌的人,让这个世界变得越来越美丽……就算是生锈、弯曲的钉子,只要仔细观察就会感觉到它的美丽……我没有让这个世界变美丽的能力,只不过是想把那些我看到的东西变得更加美丽……"对现成品打磨加工而成的艺术品如图7-10~图7-12所示。

7.1.2　涂鸦的艺术行为方式

"涂鸦首先出现在20世纪60年代的美国。经过这么多年的发展,街头涂鸦文化已经散布到世界上的许多国家,并慢慢被人们接受。哈斯·哈林(Keith Haring)是20世纪80年代期间纽约派中最主要的领导人物。哈林的作品充满了非常欢乐的小人物形象,也有大量的性象征形象,描绘的手法非常流畅而简单、明确、游戏娱乐感很强。他的许多作品都被称作无题。他的(小人)形象目前也被广泛地应用在服装、室内装饰、广告设计上。可谓是涂鸦文化的一代宗师。

涂鸦(Graffita)的意大利文之意是乱写,而涂鸦(Graffiti)(其复数形式)则是指在墙壁上乱涂乱写出的图像或画。基本上,涂鸦是一种近于书写的行为,文字占的比重很大,形象的符号或标志、图形也是常见的内容,但多半的形象是以类似书写的方式,

● 图7-8 现成品(自行车)挤压形成材料

● 图7-10 用现成品打磨加工的艺术品(钉子)

● 图7-11 不同大小形状的钉子打磨后形成美感(局部)

● 图7-12 对粗壮树枝杆的成形打磨而成的雕塑

扼要地表明意图,不刻意地去描制、描绘。但是后来的涂鸦艺术中的图画、符号、标志却反过来压倒文字,在涂鸦艺术中成为了主导。图画相对于文字更能体现出作者所要表达的内容和其作品的主导思想。

● 图7-13 墙面涂鸦

"涂鸦的行为本身是一种对权威的反叛,而涂鸦也是一种艺术的表达方式。借由这样的行为,从艺术的角度来说,行为艺术能很快地引起社会政治界、媒体,以及主流艺术传统艺术文化界的注意,于是涂鸦的文字逐渐减少,而转变成为大型精致的卡通绘画图像。学院派艺术家也跟进,于是专业涂鸦人开始出现,类似联盟、社团的团体也纷纷出现了。之后,涂鸦艺术开始进驻艺术画廊,供人欣赏、收藏、买卖、投资。"❶(图7-13)

街头涂鸦的方式也可作为墙面处理的一种手法,可以引申为对表层的一种处理,也可以把它当成一种材料的表达。

7.1.3 现代艺术中美的规律

从现代艺术的作品里我们可以发现有许多材料美感方面规律性的东西,这些为我们进行空间创作提供了有效的方法和思路,并展现了材料的艺术魅力。

1. 底片效果(负片)

底片能够形成不真实的效果,一般人都不会很习惯于这样看事物,不过它可以给人很新奇的视觉体验,所以在材料设计中,应用负片的技法,不时为很新鲜的技巧。它可以用黑白或彩色的来展现事物,同时也可以用凹凸来反向处理人们习以为常的事物,给人不同于平常的心理体验(图7-14)。

---

❶ 百度百科. 街头涂鸦文化概述. [EB/OL]. http://baike.baidu.com/view/877373.htm.

● 图7-14 底片效果

2. 包裹的手法

用布料和长绳包覆原本不雅的材料，是一种很特殊的材料应用手法。当然是用布还是用其他面状的材料皆可行。如何固定以及是否用绳类的方式也还有进一步拓展的可能（图7-15）。

● 图7-15 包裹的手法

3. 形态消失的手法

把室内各种物品统一在一种色调、图形当中，图形本身的对比越强烈，形态消失得越远，使人眼花缭乱，不知所措。如果图形对比不大，那么原有的家具形态还是很容易辨认的。这个方法能说明，每种材料本身的特征若十分明确，它就会影响到与其他材料的配合，只有与其他材料进行统一化处理，才是唯一出路（图7-16）。

● 图7-16 形态的消失

4. 散乱的平放方式

即便是人，如有许许多多的人，也可以形成肌理。以草地为底，躺在草地上的人（不同的动态姿势）活跃其上。将此种方式换作其他材料形态，也可达到近似的视觉体验。这些材料如果平均分布，有少量的变化，比较统一，就能够形成远距离的大面积的材料构成（图7-17）。

● 图7-17 散乱的平放

5. 堆积的方式

任意一种材料堆积成山或形成墙角的变异形状也是空间创作中可利用的方法。由体积不大的粒状材料，可堆积出任意形状。图 7-18 中的粒状糖果还包覆了红、白、蓝三色糖纸，形成一定的变化。若想像用三种不同的粒状材料进行堆积，也能形成特殊的视觉效果。可以想像此种堆积其单体更大些或更小些，能达到不同程度的改变（图 7-18）。

6. 两种条状材料铰接缠绕的手法

这种方式可以把任意两种或两种以上的材料进行编织，形成一定的变化，其中材料差距越远，材料之间的对比就越强烈，两种材料接近将更适合作为室内材料使用（图 7-19）。

7. 点状材料的连接

它们可以是相互之间的熔化或缠绕，它们是对等的关系，一般是相同材料间的闭合与交织，等量的交换，不可分离的物体，两种材料物体的融合（图 7-20）。

● 图 7-18　堆积的方式

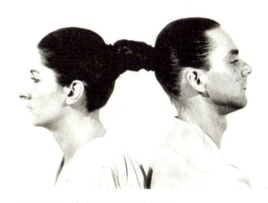

● 图 7-20　点状材料之间的连接

● 图 7-19　两种材料的缠绕

● 图 7-21　陈明强的作品——无限延长的剪刀

我们掌握更多的综合材料制作的性能与经验，我们也就掌握了现代设计的手段和语言。材料的开发与综合运用具有无限的发展空间，我们应该意识到综合材料带给我们艺术语言的无穷魅力，以及它在表达空间设计复杂、微妙的感觉方面所具有的丰富潜能（图 7-21～图 7-25）。

7.1.4　材料创作从艺术中的借鉴

艺术品也成了材料另一种展现魅力的载体，让我们以另一种视角去看待材料及其创新的无限可能性。尽管艺术家并不总是很懂科技，但他们却是最有可能使用新材料和形式实验，寻求一种达到他们的创作目标的新途径。[1]

1. 从当代抽象雕塑中获得的启示

我们从抽象雕塑中可以获得无数的材料创作灵感，这些已经实施过的材料运用经验，能给予我们不小的创作启迪。虽然雕塑的形态也许是夸张的、向心的、主题非常明确的。但是，我们可以通过对其进行适当地消减与形态转化，形成新的材质设计形象。

在当代中国艺术家中，展望是最早深入地思考雕塑与当代艺术的关系的艺术家之一。展望从 20 世纪 90 年代开始就使用不锈钢制作大型雕塑，从雕塑的角度看，展望的思考出发点是如何通过技艺来表现观念。展望的雕塑作品希望利用物质材料的社会属性，来展现一种现代感受力。他从物质的工艺实践中体会到了物的"社会性"和"文化性"。展望的《假山石》系列创作有 10 多年历史，他常年研究各种奇石，以不锈钢的材质塑造了人工化、现代化的"假山石"，意在对中国传统文化进行重新阐释，表现城市工业化进程。冰冷的简单重复体现出现代都市的大环境，也是他一贯的对材料语言运用充分的表现。展望的《假山石 80》，更具有盆景一样的雅致和温润灵动的气质。展望采用不锈钢来创作，无形中以金属的质感和光泽推翻了石材的本色（图 7-26）。

● 图 7-22　金属、石材、麻袋组合成的装置艺术品

● 图 7-23　用木材制作的艺术品

● 图 7-24　多种材料组成的抽象雕塑

● 图 7-25　用织物材料制成的艺术品

---

[1] 安德鲁·谭特. 材料的力量. 李伟译. 产品设计. 2006 (34)：35.

● 图7-26 《假山石》

2. 从当代家具设计中获得的启示

我们从另类家具设计中获得无数的材料创作灵感，任何家具的造型都是通过材料去创造形态的，没有合适的材料，那独特的造型则难以实现，家具材料的恰当运用，不仅能强化家具的艺术效果，而且也是体现家具品质的重要标志。家具的材质是最直观的视觉效果，厚实的木头、粗糙的石头、光滑的玻璃、笨重的钢铁、轻巧的塑料，不同家具材质的亲和力，给人们所带来的心理感受是不同的，也会令人产生许多情感的联想。通过不同材料的视觉反差，让观赏者品味到不同材料的各自细节，以及呈现出家具设计的材质之美。

我们知道，每一种新材料的出现，都会带给设计界一次设计理念的创新。当代家具能不断刺激视觉，引起人们的关注。

荷兰当代最富盛誉的团队 Droog Design 是兰尼·朗马克斯（Renny·Ramakers）和赫斯·贝克（Gijs·Bakker）于1933年共同创立的。Droog 在荷兰语中是"干燥"的意思，这表示 Droog Design 的设计是简单、清晰、没有虚饰的，其设计的重点永远是创意，简单直接地表达出清晰且新颖的概念，以及作品的实用性。

经典设计"Chest of Drawers"是随性之作，这个作品用一条亚麻带将二十个盒子绑在二十个二手抽屉周围。使用者可以按自己的意思在上面作出增减。这件作品表达了设计者对现代人极度浪费的批评。起初这个设计不被一些人接受，后来这个柜子世界闻名，被许多博物馆争相展出，引起了设计界的一次骚动，现在成为了经典。设计者说他并不想设计，只想即兴创作。当他找到这些抽屉时就接受了它们的状态（图7-27）。

● 图7-27 用多个抽屉组合而成的经典家具

汤姆·迪克森（Tom Dixon）是英国目前最炙手可热的设计师之一。让废铜烂铁这些大家眼里的垃圾起死回生，他主要关注的是将线条的优雅与材料的自然特性融合在一起。他的设计不但简约实用，而且质感往往出乎意料：木质、钢铁、玻璃、合成材料，汤姆·迪克森的设计"玩转"任何材质。他设计的S形椅更奠定了他在国际设计界的地位。

弗兰克·盖里（Frank Gehry）利用层压纸板作为家具设计材料，给人的感觉像灯芯绒布料（图7-28）。

● 图7-28　层压纸板制作的家具

Proust扶手椅将雕刻沉重的框架与手绘透孔织物相搭配,织物上的笔触带有印象派的风格(图7-29)。

● 图7-29　在织物上点彩的沙发

3. 从当代首饰中获得的启示

我们还可以从当代首饰设计中获得材料创作灵感,在首饰受到现代思想潮流影响的当下,多种材料和工艺的尝试为观念的诉求提供了载体,当代首饰作品完全不依附名贵的宝石或金银以及传统首饰设计所追求的精致美感;相反,平凡质朴的材料皆可尝试。作品不仅在呈现艺术家的自身经验与文化价值观,同时也传递了艺术家对于个体与社会、传统与当下的纪录与思考。出其不意的材质和组合方式、艺术的思考方式、手工的制作手法,让首饰披上了"当代"的外衣。在传统首饰面前,它的身份似乎令人难以捉摸——究竟是配饰还是艺术品?而它也可以被看作是一种介于珠宝和艺术作品之间的物件,既有艺术的思想表达,又混杂着当代文化的影响。它以人的身体作为领域;涵盖了各种艺术创作中会使用的材质和制作手法,只是被赋予了一种可佩戴的特性。

当代首饰创作同空间创作有相似之处,同样要用材料来表现,同样要选择出乎意料的方式进行创作和表达,只是它的体积小,微观一些罢了。但所反映的美同样是有规律可循的。通过了解当代首饰创作也能提供给我们一些材料创作的经验。

(1)实虚的对比过渡手法:任何材料采取如此的表现都会得到十分安全的美观效果,形态可以有各种不同,虚与实的比例也可以千变万化,其中的过渡部分是微妙的变奏(图7-30、图7-31、图7-32)。

(2)裸露与放大的手法:这种手法可以对幕后隐藏的设施设备进行展露,给人意外的心理感受和刺激。它最好有主次,有中心,同时有强调,有夸大,不掩饰地进行反映。

4. 从抽象绘画中获得的启示

我们还可从抽象绘画中获得材料创作灵感。抽象绘画是抽象的;然而空间创作中的材料同样是一种抽象的表达。抽象之美是美的基础,自古以来就存在。

抽象的绘画已经出现了快一个世纪了,然而,即便是高级知识分子,社会各界的精英也未必能够欣赏抽象艺术。在内森·卡伯特·黑尔的《艺术与自然中的抽象》一书的第一句话是:"对20世纪的艺术家来说,最大的挑战就是了解艺术的抽象语言。"的确,抽象艺术是塞尚开创的西方现代主义艺术的最终目的,也是西方现代主义艺术史最伟大的成果。

康定斯基是抽象艺术杰出的先驱,他不仅创作出大量抽象绘画作品,而且长期致力于抽象艺术理论的研究,出版和发表了《论艺术中的精神》、《点线面》、《关于形式问题》和《论具体艺术》等著作和论文。康

心理效应之间的联系作为抽象艺术的依据。他说:"只有当符号成为象征时,现代艺术才能产生。"

什么是抽象绘画?

在《现代汉语词典》中,对抽象一词的解释是:"从许多事物中,舍弃个别的、非本质的属性,抽出共同的、本质的属性,叫抽象,是形成概念的必要手段。"在绘画艺术中,抽象(Abstraction)是相对具象(Representation)而言的,这两个词往往以形容词的形式出现,并且分别与绘画一词结合,组成两个概念即抽象绘画(Abstract Painting)和具象绘画(Representational Painting)。具象绘画指的是再现了人物、风景和静物等自然物象的绘画;抽象绘画所描绘的形象则与我们看到的世界中的形象没有联系。正如抽象主义者

● 图 7-30　虚实的过渡(一)

● 图 7-31　虚实的过渡(二)

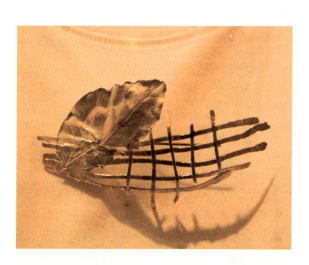

● 图 7-32　虚实的过渡(三)

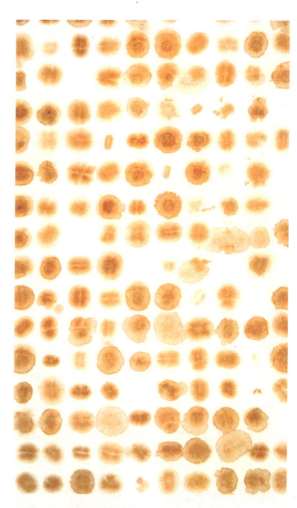

● 图 7-33　抽象绘画作品(一)

定斯基运用同代人沃林格尔的移情理论和格式塔心理学成果,把点、线、面、色、形的造型元素与视觉、

保罗·克利所说,"艺术并不仿造可见的东西,而是把不可见的东西创造出来"。不可见的东西正是抽象绘画

描绘的对象。然而，不可见的东西又是什么呢？

建筑与室内设计同样是一种抽象的表达，尤其是设计创作中的材料表现的也是不可见的东西，所以我们是否可以通过借鉴抽象的绘画作品来扩大我们进行空间创作的形式语言，从而达到丰富空间效果的目的呢？从一些抽象绘画作品中我们可以得到不少的启示（图7-33～图7-35）。

● 图7-34　抽象绘画作品（二）

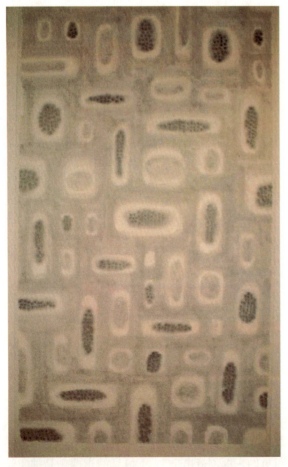

● 图7-35　抽象绘画作品（三）

7.2　材料教学

材料课程教学在不同的院校有不同的教学方式，本书选择了中央美术学院及清华美术学院两院的课程作为代表进行介绍，基本上反映出建筑与环境艺术设计专业材料教学的方向及现状。

7.2.1　清华大学美术学院的材料课教学概况

清华美术学院的材料课教学的课题为"室内装修材料构造"，本课题是由环境艺术设计系李朝阳副教授主讲。

1. 教学目的与教学内容

旨在通过本课程的讲授，使学生能较为全面、系统地掌握主要材料的基本特性，了解构造设计的基本理念和主要方法，为设计思维的宏观把握和设计创意的可行性打下良好的基础，对学生将来走向工作岗位，适应具体设计工作大有裨益。

重点阐述材料在设计中的重要作用，材料的分类及特性，材料的组合搭配方法；不同材料的使用特征及艺术表现形式，各类材料连接方式的构造特征；界面与材料过渡、转折、结合的细部处理手法。介绍构造及构造设计在设计中的重要作用和意义；构造设计的基本原理、方法和基本规律；材料与构造对设计思维方法及空间效果的影响。以期能独立地完成构造的细部设计和较为准确的图面表达。

2. 课程教学安排

第1讲：介绍本课程的授课安排和课程特点及学习方法，了解学生对本课程的要求，使教学能够具有针对性，做到心中有数、有的放矢。课堂讲授材料的基本分类、物理特性、环保要求及主要视觉特征、识别训练方法。

第2讲：讲授材料的组合搭配训练的意义，介绍构造设计的基本原理。讲授材料以及材料与构造、材料与工艺的关系，通过多媒体演示进行案例分析；讲授各种石材的基本特性及安装工艺。

第3讲：讲授常用木材的种类、特性、视觉特征以及合成板材的基本类型和使用特点。讲授砂浆及清水混凝土、瓷砖类、玻璃类等材料的基本特性及施工工艺。介绍卷材类、涂料类、金属及型材类、线材类材料的基本特性及施工工艺。

第4讲：讲授构造设计的基本特征：界面的构造做法；构造设计的原则；构造设计的要素；混合构造的原理。

第5讲：讲解、分析学生交上的阶段性作业，即材料调研报告。材料搭配及构造设计实例分析，通过实际案例进行讲解。介绍相关技术规范和法规；材料环保知识；材料防火要求；电气安装知识；常用材料及设备电气图例。

3. 作业内容

（1）写出材料调研报告一份。

（2）构造设计。请设计一平开木质玻璃门（含门套），门的造型、材质自定。手绘出其立面图（比例不小于1∶20）及横剖面大样（比例不小于1∶5），并标注文字及尺寸。

7.2.2 材料创作营辅助教学活动概况

由清华大学美术学院装饰材料应用与信息研究所主办，清华大学美术学院环境艺术设计系、中央美术学院建筑学院、美国《室内设计》中文版、伦敦艺术大学英国创意产业中心、中国室内装饰协会协办，清华大学美术学院装饰材料应用与信息研究所所长、环境艺术设计系副教授、博士杨冬江老师策划的材料创作营，于2007年8～9月和2008年6～9月在清华大学已举行了两次活动，由来自国内外的一流建筑及室内设计师带领高等院校的优秀学生组成多支不同研究方向的探索小组，尝试各种不同材料所组合的多种可能性，力求在创作中提出简单而有效的解决方法并各自形成一套完整的创意和理念，深度挖掘材料的艺术表现力。创作营期间邀请了国内外设计创意以及材料制造领域的专家、学者举办专业论坛及大型展览。中国建筑工业出版社已出版了全面记录活动的组织、构思与创作过程的专业书籍（图7-36～图7-38）。

● 图7-36　2007年水空间小组师生参观洁具展厅

● 图7-37　2008年软木小组营员与自己的作品合影

● 图7-38　2007年G·R·G小组的作品

1. 创作主题

材料创作营活动以"材料的生命"为主题。每种材料，不论产生的初衷为何，它都形成了自己的形式特征，并且随着自身技术和工艺的发展，其可能性往往超越原始目的。通过亲身的理解、触摸与创作，拓展材料表达方式的极限，探寻材料生命的过程。

2. 创作目的

(1) 提高对材料的理解和认识，建立与材料的互动和情感。

(2) 以生命的眼光看待材料，积极探索材料应用的新的可能性。

(3) 通过对形体的塑造，增强对于材料的质感和可塑性的认识。

(4) 学习对细部构造的研究方法。

(5) 尝试研究在创作中利用回收材料的手段和方法。

(6) 将空间概念的内涵进行自我界定。

3. 作品要求

(1) 各组可根据所获取材料的不同特性，表达并延展"材料的生命"这一创作主题。

(3) 作品须为自我支撑的活动结构体系，可移动、可拆装、可再利用。

(4) 作品须发展成完整的尺度，以适应人在真实状态中的观赏或使用。

(5) 每件作品在展出时需配合完整的概念及方案草图。

(6) 作品大小原则上不超出 5000mm（长）×5000mm（宽）×3000mm（高）。

7.2.3 中央美术学院建筑学院材料课教学概况

中央美术学院建筑学院材料课教学的课题为"室内材料材质设计"和"材质塑造"，本课题是由中央美术学院建筑学院邱晓葵教授开设并主讲的。

1. 教学目的与内容

中央美术学院建筑学院材料课的教学是以解决问题为中心而展开的设计活动，教学通过对材料的认识与实践过程，发现开拓更多的可利用材料，了解以前未知和熟悉的材料，从根本上改变以往对材料的运用手法，以培养学生原创设计的意识为根本目的。

课程要求学生在充分了解现有材料的基础上，掌握材料特性，创作新的材料材质肌理，并制作出能应用于工程实践中的室内装饰材料样板。

材质设计是在现有的材料制造技术的基础上进行研究的。所谓室内材料材质设计对室内设计师而言，它既是可视可触的物质材料的组合，同时也是设计理念和艺术风格的表现。材料材质的实验是我们在教学中为设计师打造材料多样性的初探，试验本身也是对于传统材料模式的一种再发展。关注装饰材料创作训练的精神体验是我们试验的目的之一。材料质感的优劣在于操控时的体验和感知。我们在教学实验中会引导学生从容地审视陌生的领域，以多年的艺术素养及智慧拉动材料材质训练的兴奋点。工作不是模仿而是创造，应在过程中体验材料的硬度、耐水性、耐磨性，在制作中发现材质的精神品质，工作是一种精神创造。作业中学生能最大限度地发挥每一种材料的优势，充分显示出材质创作的作用和魅力。

2. 教学方法

我们在教学中使用施工录像、多媒体资料、实物样品等，增加信息量，增强学生的感观认识，并向学生介绍装饰材料有关的构造，使学生更直观地了解材料性能的本质，以形象化的方式使学生易于理解，提高学生学习的主动性。通过实验教学加深学生的理解和掌握，并进行主动地思考。用抽象思维方式合理组织实践教学内容和相关知识结构，强调理论联系工程实际，将视觉艺术的方法引入材料教学实践中去。

(1) 利用实验室教学：装饰材料实践教学在材料专用实验室中进行，利用本院现有的设备进行综合实验。"材料与构造实验室"位于中央美术学院设计大楼地下二层，使用面积约 $130m^2$，实验室由四部分组成：一是用于创新材料的展示陈列，展存了多年来"装饰材料材质设计"课程的学生材料实验作品；二是用于材料构造与工艺做法的步骤体现，其中包含常用墙体、墙面、地面、顶面材料的做法展示；三是实验室对装饰材料的文字资料的收集展示，包括材料的物理性质和应用实例方面的图文资料；四是用于市场材料样品的分类展示，及时补充最新的装饰材料样板（图 7-39、图 7-40）。

● 图 7-39　创新材料的展示陈列厅（中央美术学院建筑学院）

● 图 7-40　材料与构造实验室（中央美术学院建筑学院）

除了利用实验室现有的样品进行样品教学外，我们还组织学生到现场工地和各建筑材料市场收集样品。学生在这个过程中既较全面和深入地学习到最新的建筑材料知识，又得到了接触社会和了解社会的锻炼（图 7-41）。

（2）实践教学：实践教学是装饰材料教学中必不可少且非常重要的一环。通过实践教学，学生既可验证课堂上所学到的知识，充分理解各种理论，进而达到牢固掌握理论知识的目的；另一方面，通过实践教学，学生可锻炼动手能力，学到解决实际工作问题的技能（图 7-42～图 7-45）。

我们不是把训练本身当作目的。训练的最终目的是具有实践可能的设计，让学生充分作好面对现实生活的准备。学生将在实干的过程中去学，他们将与比较有经验的人进行合作，通过实际制作材料样板来领会到一些东西。我们希望学生在整个教学过程中学习如何能使自己设计的材料样块投入到小

● 图 7-41　学生去市场调研材料

● 图 7-42　学生在实验室加工材料样板（一）

● 图 7-43　学生在实验室加工材料样板（二）

● 图7-44 学生在实验室使用小型电动工具

● 图7-45 材料作业加工过程中

规模的生产中,并且了解此材料能够产生的附加价值。他们将这种附加价值注入到机器产品的能力可以创造出室内设计的新形式,开辟原创设计的新纪元。

3. 作业内容

"室内材料材质设计"课程作业(本科四年级)有以下几部分。

(1) 撰写材料调研报告一份,填写材料调研表一张。

(2) 材料肌理加工:运用所学的材料肌理特征及表现手法,用加气混凝土砖材料制作一块能明显反映肌理效果的材料样板。要求尺寸为A3大小(横向)(图7-46～图7-54)。

● 图7-46 材料肌理加工中的学生作业(一)

(3) 新材料试验加工:对现有材料进行加工和创作成新的材质效果。要求能在现实的工程中使用,厚度不超过3cm。要求尺寸为A3大小(横向)(图7-55～图7-67)。

● 图7-47 材料肌理加工中的学生作业(二)

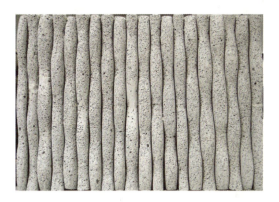

图 7-48　材料肌理加工中的学生作业（三）

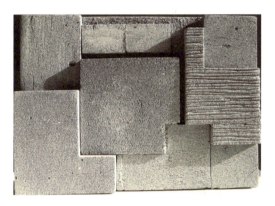

图 7-49　材料肌理加工中的学生作业（四）

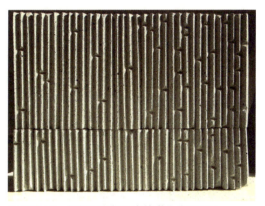

图 7-50　材料肌理加工中的学生作业（五）

图 7-51　材料肌理加工中的学生作业（六）

图 7-52　材料肌理加工中的学生作业（七）

图 7-53　材料肌理加工中的学生作业（八）

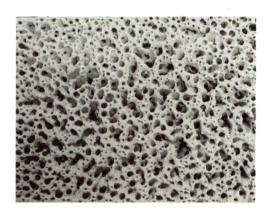

图 7-54　材料肌理加工中的学生作业（九）

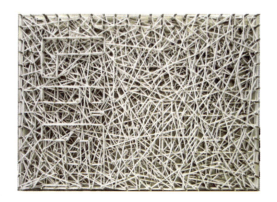

图 7-55　新材料实验加工中的学生作业（绳）

● 图7-56　新材料实验加工中的学生作业（石膏和弹球）

● 图7-57　新材料实验加工中的学生作业（斜向木条）

● 图7-58　新材料实验加工中的学生作业（钢板）

● 图7-59　新材料实验加工中的学生作业（花瓣和树脂）

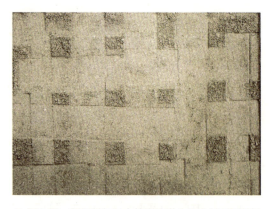

● 图7-60　新材料加工中的实验学生作业（细砂和胶）

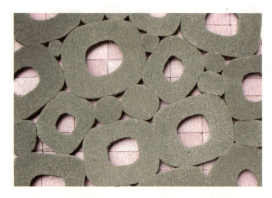

● 图7-61　新材料加工中的实验学生作业（海绵）

● 图7-62　新材料实验加工中的学生作业（细丝网）（一）

● 图7-63　新材料实验加工中的学生作业（细丝网）（二）

第 7 章　材料实验

● 图 7-64　新材料实验加工中的学生作业（小木块）

● 图 7-65　新材料实验加工中的学生作业（锌板和木地板）

● 图 7-66　新材料实验加工中的学生作业（锌板和铆钉）

● 图 7-67　新材料实验加工中的学生作业（软木条）

材料调研表（要求学生对材料调研后填写）

材料名称：＿＿＿＿＿＿＿＿

一、说明和性能特点

1. 颜色及花纹：＿＿＿＿＿＿＿＿

2. 单位面积质量（kg/m^2）：＿＿＿＿＿＿

3. 规格（mm）（长×宽×厚）＿＿＿＿＿＿

4. 装卸搬运难度：＿＿＿＿＿＿

5. 所属材料种类：＿＿＿＿＿＿

6. 市场价格：＿＿＿＿＿＿

二、技术性能

1. 密度＿＿＿＿＿＿＿＿

2. 抗压强度＿＿＿＿＿＿＿＿

3. 抗折强度＿＿＿＿＿＿＿＿

4. 吸水＿＿＿＿＿＿＿＿

5. 光泽度＿＿＿＿＿＿＿＿

6. 耐酸碱功能＿＿＿＿＿＿＿＿

7. 抗污染性能＿＿＿＿＿＿＿＿

8. 导热情况＿＿＿＿＿＿＿＿

9. 磨耗＿＿＿＿＿＿＿＿

10. 热膨胀性＿＿＿＿＿＿＿＿

11. 色差＿＿＿＿＿＿＿＿

12. 平整度＿＿＿＿＿＿＿＿

13. 隔声情况＿＿＿＿＿＿＿＿

14. 伸缩性＿＿＿＿＿＿＿＿

15. 保温性＿＿＿＿＿＿＿＿

16. 浸水＿＿＿＿＿＿＿＿

17. 可加工性＿＿＿＿＿＿＿＿

18. 耐火性（级别）＿＿＿＿＿＿＿＿

19. 所含污染物或放射物情况＿＿＿＿＿＿＿＿

20. 适用条件＿＿＿＿＿＿＿＿

三、材料施工方式

铺贴程序：＿＿＿＿＿＿＿＿＿＿＿＿＿＿＿＿

＿＿＿＿＿＿＿＿＿＿＿＿＿＿＿＿＿＿＿＿＿＿

＿＿＿＿＿＿＿＿＿＿＿＿＿＿＿＿＿＿＿＿＿＿

其他辅助材料的准备：＿＿＿＿＿＿＿＿＿

基体处理：＿＿＿＿＿＿＿＿＿＿＿＿＿＿

粘结办法：＿＿＿＿＿＿＿＿＿＿＿＿＿＿

四、生产厂家和产地

材料品牌：_____

产品货号：_____

商家地址：_____

商家电话：_____

五、对该材料的总体感受（200字左右）

"材质塑造"课程作业（研究生一年级）：

（1）通过从小到大对材料的认识和理解，选择某种对你有影响和记忆的材料，把它用散文的形式记录下来，要求字数为1000字以上。

（2）选择一个在材料使用方面有特征的建筑案例进行分析，做成ppt文件格式。

（3）根据所学知识，用任意材质创作一幅适合安放于现代室内空间中悬挂的艺术品，材料及形式不限。尺寸为600mm×900mm（竖向）。

（4）创作一件同上材质配套的陈设艺术品（房子形状）尺寸为300mm×300mm×300mm立方体范围。

实物作业要求：能够耐久、能够触摸、能够清洁、能够复制（图7-68～图7-75）。

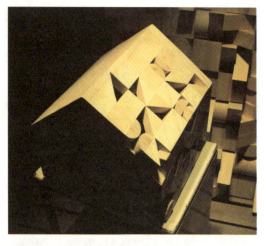

● 图7-69　木材质的立体作业

● 图7-70　软木材质的平面作业

● 图7-71　软木材质的立体作业

● 图7-68　木材质的平面作业

● 图7-72 不锈钢材质的平面作业

● 图7-73 不锈钢材质的立体作业

● 图7-74 纸质的立体作业

● 图7-75 纸质的平面作业

参 考 文 献

[1] （美）阿瑟·A·伯格. 一个后现代主义者的谋杀［M］. 洪洁译. 桂林：广西师范大学出版社，2001.

[2] （美）奥斯卡·R·奥赫达. 饰面材料［M］. 北京：中国建筑工业出版社，2005.

[3] Alessandro Rocca. 高科技与装饰之间［J］. 建筑、设计、艺术、资讯月刊，2007，(4).

[4] （美）DONALD·A·NORMAN. 情感化设计［M］. 付秋芳，程进三译. 北京：电子工业出版社，2007.

[5] 方巍. 建筑装饰材料［M］. 北京：机械工业出版社，2005.

[6] 华北地区建筑设计标准化办公室. 建筑构造通用图集系列［K］. 北京：中国标准设计研究院，2004.

[7] （匈）久洛·谢拜什真. 新建筑与新技术［M］. 北京：中国建筑工业出版社，2006.

[8] （英）康威·劳埃德·摩根. 让·努韦尔. 建筑的元素［M］. 北京：中国建筑工业出版社，2004.

[9] 李朝阳. 装饰材料与构造［M］. 合肥：安徽美术出版社，2006.

[10] （英）诺尼·尼善万德. 现代室内细部设计［M］. 吴君竹，王文婷，刘佳译. 沈阳：辽宁科学技术出版社，2004.

[11] 邱志杰. 自由的有限性［M］. 北京：中国人民大学出版社，2003.

[12] 邱晓葵，吕非，崔冬晖. 室内项目设计·下·(公共类)［M］. 北京：中国建筑工业出版社，2006.

[13] 隋洋. 室内设计原理［M］. 长春：吉林美术出版社，2005.

[14] 孙志宜. 失落与超越［M］. 合肥：安徽美术出版社，1998.

[15] 田原. 装饰材料设计与应用［M］. 北京：中国建筑工业出版社，2006.

[16] 王静. 日本现代空间与材料表现［M］. 南京：东南大学出版社，2005.

[17] 王珠珍，陈耀明. 综合材料的艺术表现［M］. 上海：上海大学出版社，2005.

[18] 王端廷. 我们为什么看不懂抽象绘画（原发表于《艺术评论》2005年第8期）［J］. 中国艺术研究院.

[19] 王峰. 设计材料基础［M］. 上海：上海人民美术出版社，2006.

[20] 向仁龙. 室内装饰材料［M］. 北京：中国林业出版社，2006.

[21] （日）伊东丰雄建筑设计事务所. 建筑的非线性设计——从仙台到欧洲［M］. 北京：中国建筑工业出版社，2005.

[22] 张绮曼，郑曙阳. 《室内设计资料集》［M］. 北京：中国建筑工业出版社，1991.

[23] 郑曙旸. 室内设计程序［M］. 北京：中国建筑工业出版社，2002.

[24] 张长江，陈晓蔓. 材料与构造·上·［M］. 北京：中国建筑工业出版社，2006.

[25] 朱志杰. 木材与木质装饰材料［M］. 北京：中国计划出版社，1999.

[26] 中国建筑设计研究院环境艺术设计研究院，北京清水室内设计有限公司. 内装修［K］. 北京：中国标准设计研究院，2003.

[27] 詹俊. 论综合材料在现代雕塑中的运用［EB/OL］. ［2007-5-24］. http：//bbs.dszg.com/thread-17169-1-4.html.

[28] 863建筑工程资讯［EB/OL］. http：//www.863p.com/warmer/HotKtzl/200611/17254.html.

[29] 室内设计中装饰材料的质感运用［EB/OL］. http：//baike.baidu.com/view/18445.html.

[30] 关于室内空气污染源. 中国建材网.

后　　记

　　因从业之故，我对国内外材料的材质一直较为关心。看多了，便有了一些梳理的想法。我自1998年去欧洲艺术考察期间，开始大量收集有关材料材质方面的实例，断断续续有近十年时间。真正开始编写教材还是近几年的事，可以说酝酿时间太长了，不是说不想早点开始，只是材料种类庞杂，不知如何开始。我于2004年开始动手编写初稿，那时还是以室内装饰材料为主线展开的，随着编写工作的进行，一切变得清晰起来。于是我放弃了开始的书稿并重起炉灶，我意识到这个方法也可以应用到建筑环境等设计领域。这次的书稿又融入了现当代艺术的理论作为框架支持。令我惊喜的是，我开始看到所有这一切可以如何结合在一起。当我再次教授这些内容的时候，我认为取得了很大的成功。我写这本书的目的就是要把这些表面上看似无关的几个主题，放到一个统一的框架中进行架构。这个框架以建筑材料、室内装饰材料、艺术综合材料三个方向平行的理论为基础。我致力于对它们相互之间的关系及创作原理作一个深入的剖析，希望能为装饰材料艺术化创作进程起到一定的作用。

　　本书的出版应该归功于许多人。首先我要特别感谢我的恩师张绮曼先生多年以来对我专业上无微不至的指导和帮助，从我学生时代起她就把室内设计最精华的部分手把手的传授与我，使我受益终生。其次我要感谢中央美术学院建筑学院院长吕品晶教授，他曾安排我在2006年的全国高等院校建筑与环境艺术设计专业教学研讨会上作了一个发言。发言中我介绍了我对材料教学的一些认识和试验成果，从而确立了我在此研究领域中的位置，并取得了编写此书的权限。我还受益于他所提出的许多详细的专业性建议。在他的倡导下，我在中央美术学院建筑学院地下室创建了材料与构造试验室，这为我材料教学的正常开展提供了极好的条件。我还要感谢建筑学院副院长常志刚副教授对实验室建设这一计划所给予的支持。同时，他还抽出时间帮我精炼研究相关专业的问题。他的《肌理之于建筑》这篇论文影响了我对材料本质的思考。在整个研究和写作阶段，建筑学院戎安教授邀请我加入他创建的"设计方法论"中材料部分的研究生教学工作，给予我极大的信心，鞭策我在材料研究方面进一步提高。在我编写此书时经历种种考验时，是他们给予了我极大的支持及学术上的帮助。这些支持与帮助是无价的财富。另外，中央美术学院科研办的经费资助和敦促也使研究工作有了阶段性结果。领导和同事们对本项工作的关注使这本书的写作成为一件快乐的事情。

　　我在此还要对清华大学美术学院杨冬江副教授表示感谢，他邀请我在《装饰材料应用与表现力的挖掘》和《环境艺术设计教学与社会实践》书中撰写相关专业论文，并邀请我参加了2007年和2008年装饰材料创作营的辅导工作，使我有更多的机会接触材料教学实践，并和一些生产厂商有进一步交流的机会。同时，我还要感谢清华大学美术学院李朝阳副教授，他在2008年和我一起为我院室内设计班的学生教授材料课程，兄弟院校的材料课程的教授丰富了我院的教学内容，使学生们掌握了更多的知识点。

我要感谢本院韩文强老师多次做我教学上的助手，我指导的研究生袁琨、刘少帅、刘彦杰、向阳等同学为本书搜集了相关资料。另外，还感谢我的丈夫对我编写工作的持久支持，书中的很多图片均为他的摄影作品。本书引用了中央美术学院设计学院藤菲教授的首饰教学成果图片；还收录了中央美术学院建筑学院研究生邓璐、程燕、冯雪婷、汪倩、周希、李丽妹、孙蕙、刘彦杰等同学的部分作业；收录了中央美术学院建筑学院室内专业2002、2003、2004届部分同学的作业。但我可能还遗漏了许多帮助过我的人，包括我在中央美术学院建筑学院的所有教授过的学生们，指导他们的作业帮助我理清了思路。

本书在编写过程中还参考了许多文献资料，并借鉴了相关的工程实际设计与施工的经验，在此对文献资料的作者和有关经验的总结者表示诚挚的感谢。最后，还要感谢建筑工业出版社的李东禧主任和唐旭编辑对本教材所付出的努力，没有他们的督促，本书的出版可能还会延期。

中央美术学院建筑学院　邱晓葵
2009年4月